电工电路
识图、安装、施工与检修

阳鸿钧 等 编著

化学工业出版社

·北京·

内 容 简 介

本书旨在帮助读者轻松掌握电工电路识图、安装、施工与检修技能。本书内容共 7 章，分别介绍了电工基础电路的识图与运用，电子电路基础知识与识图，电子电路的安装与检修，低压电气电路的基础，低压电气电路的识图、安装、施工与检修，建筑、物业、装饰线路的识图与运用，PLC、变频器、机器人线路的识图与运用等内容。本书在编写过程中，尽量运用通俗易懂的文字表述，图纸的解读性文字以双色字体进行区分，以便读者能清晰明了地读懂图纸中的信息。同时本书附有 45 段视频，不仅有本书上相关内容的讲解，更有拓展本书外的实战实操技能视频，读者可以扫描书中的二维码进行观看学习。另外，本书还附赠水电工数据尺寸便查手册和电器与电气设备便查图册，内容丰富、全面。

本书可供通用电工、电气技术人员、电工电气初学者、电工电气上岗工作就业人员、建筑电工、相关院校师生、灵活就业人员、企业电工培训等参考阅读。

图书在版编目（CIP）数据

电工电路识图、安装、施工与检修/阳鸿钧等编著.—北京：化学工业出版社，2020.11（2022.4 重印）
ISBN 978-7-122-37699-2

Ⅰ.①电… Ⅱ.①阳… Ⅲ.①电路-基本知识 Ⅳ.①TM13

中国版本图书馆 CIP 数据核字（2020）第 168732 号

责任编辑：彭明兰　　　　　　　　　　　文字编辑：吴开亮
责任校对：李雨晴　　　　　　　　　　　装帧设计：关　飞

出版发行：化学工业出版社（北京市东城区青年湖南街 13 号　邮政编码 100011）
印　　装：北京建宏印刷有限公司
787mm×1092mm　1/16　印张 15½　字数 376 千字　2022 年 4 月北京第 1 版第 2 次印刷

购书咨询：010-64518888　　　　　　　　售后服务：010-64518899
网　　址：http://www.cip.com.cn
凡购买本书，如有缺损质量问题，本社销售中心负责调换。

定　　价：69.80 元

前　言

对于电类从业者而言，电工电路的识图、安装、施工与检修，是其在工作中无法回避的一项重要技能要求。要想入这一行，并在这一行中干得出色，就必须掌握以上技能，由此可见，电工电路的识图、安装、施工与检修在电工领域中具有重要的地位与作用。对于多数电工而言，了解电路制图是基础，掌握电路识图是重点，学会电路的灵活运用是关键，电路安装、施工与检修是上岗从业的必备技能。

电工电路图的识读，不是为了看图而看图，重要的是通过参看图、详看图达到懂原理、知布管布线、会安装施工、晓维护检修等技能。也就是，发挥电工电路最大价值——服务、指点、参考、依据等功能，进而掌握相关安装、施工与检修的知识和技能。为此，本书在介绍识读图时尽量从电路组成、原理、布管布线、安装施工、维护检修等多方面详细说明，从而达到掌握电工工作中必备的安装、施工和检修技能的目的。

本书的特点如下。

1.定位清晰。零基础学电工电路的识图、安装、施工与检修，实现学业与职业技能无缝对接，使读者从"新手"变"高手"，实现从基础到高级实战的"蝶变"。

2.图文并茂。本书尽量采用图解方式进行讲述，对图纸的解读配以实物图，以达到识读清楚明了、直观快学的效果。

3.表达生动。对图纸的关键信息，用双色直接图上解读，清楚明了。

4.视频支持。书中配有视频，读者可扫书中二维码观看学习。

本书内容共7章，分别介绍了电工基础电路的识图与运用，电子电路基础知识与识图，电子电路的安装与检修，低压电气电路的基础，低压电气电路的识图、安装、施工与检修，建筑、物业、装饰线路的识图与运用，PLC、变频器、机器人线路的识图与运用等内容。

本书由阳鸿钧、阳育杰、阳许倩、杨红艳、许秋菊、欧小宝、许四一、阳红珍、许满菊、许应菊、唐忠良、许小菊、阳梅开、阳苟妹、唐许静、欧凤祥、罗小伍、许鹏翔等人员参加编写或支持编写。

本书在编写过程中还得到了一些同行、朋友及有关单位的帮助，在此，向他们表示衷心的感谢！同时，还参考了一些珍贵的资料、文献、网站，但是个别资料与文献的最原始来源不详，或者没有署名或者署名不规范，以及其他原因使得现参考文献中无法一一列举出来，在此特意说明以及特向这些资料、文献、网站的作者深表谢意。

另外，在编写中，本书参考了有关标准、规范、要求、方法等资料，而标准、规范、要求、方法等可能存在更新、修订、新政策的情况。为此，请读者及时跟进现行的情况，进行对应调整。

由于作者水平和时间有限，书中不足之处在所难免，敬请广大读者批评指正。

编著者

2020 年 9 月

目 录

第3章　电子电路的安装与检修 / 64

第 4 章　低压电气电路的基础 / 107

第5章　低压电气电路的识图、安装、施工与检修　/　142

第 6 章　建筑、物业、装饰线路的识图与运用　/　177

第 7 章　PLC、变频器、机器人线路的识图与运用　/　207

第**1**章

电工基础电路的识图与运用

1.1 识图新方法与电的基础知识

1.1.1 认识电的新方法

电是静止或者移动的电荷所产生的物理现象。电路，或称电子回路，是由电气设备和元器件，按一定方式连接起来，为电荷流通提供了路径的总体，也叫电子线路或称电气回路，简称电路。

马路，古代指供车马行走的专用路，也就是马走的专用路。电路，类似地理解，也就是电"走"的专用路。电路形成的基本物质是电荷，要想使其发挥应有的效果，则电荷需要定向运动起来，电荷的定向流动形成电流，如图 1-1 所示。电荷是平时人眼无法直接看到的，同样地，电流也是平时人眼无法直接看到的。

自由电子

图 1-1 电流

电路，类似地理解，除了需要电荷外，还需要实体支持物质，也就是电的"路"。常见电的"路"，有采用铜线的，有采用铝线等类型。如果是无线的路，则实体支持物质就是空气。另外，电路的"路"上或者"路间"会设置一些电器、电气设备等。这些电器、电气设备等也是为了发挥电路更多功能、更多价值而设置的。同时，考虑到电具有一定的危险性，因此，电路上往往需要考虑绝缘保护、间距等要求。

实际的电路，往往采用电线或者铜箔。电路上的电器、电气设备等，则往往需要与电线或者铜箔进行连接。

 小结

> 电路就是电的专用路。电路中的基本物质是电荷。电路的实体支持物质就是线路、电器和电气设备等。

电路中的线路、电器、电气设备等，属于电路的"硬件"、电路的实体，这些是平时人眼可以直接看到的。电路中的电流、电压、功率、频率、电阻等，属于电路的"软件"、电路中隐藏的东西，这些是平时人不能够直接看到的，往往需要进一步借助有关工具才能够发现。电路的一些知识、规律，则往往属于电路的隐藏信息。因此，电路图作为电路的"书面表达"，也具有图上能直接呈现的信息与隐含或者需要遵循的规律、规范类信息，这就需要识图者能找到这些规律，读懂这些直接的、间接的信息。

1.1.2 识读电路的作用与目的

多数情况下，识读电路与电路图只是一种手段，目的就是通过识读电路与电路图达到体会设计规划的意图，明白安装施工操作的要求，理解检修的要点与突破口，知晓电路的工作原理等目的。

为此，作为识图者，重要的是要看得懂电路与电路图、领会并得出电路与电路图所要表达的东西，并且根据自己的需求明确识图的作用。

识读的方法，应根据目的的不同而采取不同的方法。要掌握原理的，以识读电路原理图为主；安装施工的，以识读电路施工安装图为主；检修的，则可能需要阅读多种电路图。

📝 小结

识读电路的目的，就是掌握电路的信息，以及明白电路起到的作用。

1.1.3 节点法与节线法的应用

电路中的线路，简称为线。电路中的线，往往需要与电路中的有关电器、电气设备连接，或者线与线的连接，而它们之间的连接，就有连接点、接触点。这个（些）点，就是节点。

识图时，可以把复杂的电路简化成识图节点、节线。节点法，就是看节点，如图 1-2 所示。节线法，就是既看节点又看节点间的连线，如图 1-3 所示。

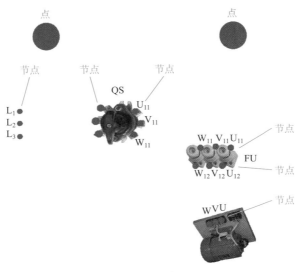

图 1-2　节点法

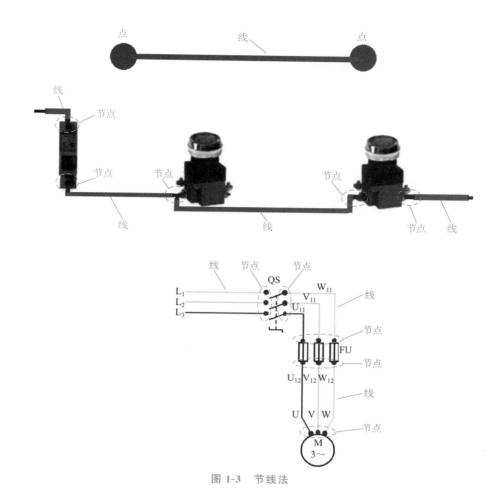

图 1-3　节线法

　　安装施工时，也可以把复杂的电路细化成具体的节点、节线的安装与施工，则整个项目的安装与施工会变得简单顺利。

　　检修时，也可以把复杂的问题简单化，锁定一些关键具体的检修节点、检修节线，让检修变得很顺利。

　　具体的应用，将结合具体的电路来讲解。这里不再赘述。

1.1.4　电路图上的直接信息与间接信息

　　电路图上直接表达的信息，往往包括了电气设备标志、文字标注、标识、线条、符号等。识读时，电路图上的直接表达信息可以直接在图上找到。电路图上的直接表达，也就是电路图上的直接信息。

　　电路图上间接表达的信息，也就是电路图上没有直接表述或者直接画出来的信息或内容，往往包括了电路需要遵循的规定、要求、规范或者必须执行的强制文件等"隐藏知识与技能"。识读时，电路图上的间接表达往往不可以直接在图上找到，需要靠积累、掌握、分析有关知识与技能，才能够读懂，才能够体会得出"为什么要这样绘""为什么不能够这样绘"。电路图上的间接表达的信息或内容，也就是电路图上的间接信息。

　　电工识图，往往不是为了看图而看图，重要的是通过详看图、参看图达到识读图的目的——懂原理、知布管布线、会安装施工、晓维护检修等技能，尤其是把电路转为实战实操技能。为此，识读图时，应能够根据电路联系相关实物，能够根据实物电路联想到相应的电路图。识读的这一特点，就是本书所提倡的能"图物互转互联"。

 小结

总之，电路图隐含的或者遵循的支持信息就是图上直接看不到的信息，需要联想、运用、了解才能够知道。电路图上直接呈现的信息就是图上能够直接看得到的信息。

另外，学习电路识图，我们主张的识图方法为：看图上直接呈现的信息＋想图上隐含的或者遵循的支持信息＋会图物互转互联。

1.1.5　电子与电流

学习电路知识之所以难，有一点原因就是电路具有一些隐蔽的知识。其中，电子与电流是电路隐蔽知识中的基本知识。

电子是一种粒子，粒子是一种微观世界的物质。这些微观世界的物质往往是人眼平时无法直接看到的。粒子拥有的带电性质就是"电荷"。原子不带电的状态，就是其带负电电子的数量与带正电质子的数量相等，也就是"正负抵消了"。如果电子与质子不相等，也就是正负不相等，则哪种属性多就带哪种属性的电。质子一般不自由，电子一般自由。自由到能够脱离或者飞入原子轨道层的电子，就叫作自由电子。正是因为自由电子的数量增多、减少，才有了带正电的物质、带负电的物质。

带正电的物质与带负电的物质之间，采用导体连接起来，则带负电的自由电子会流向带正电的物质，这就形成了电流。电流，其实就是电子的流动，自由电子的流动。

正因为金属里含有大量的自由电子，因此，金属就具备了形成电流的"天然物质"。而塑料等一些材料，没有可以自由运动的电子，因此，这些材料就是具备了绝缘电子流动的物质。

平时用到的电线，就是利用塑料做绝缘层，利用金属做导线。导线，就是传导自由电子流动的线。绝缘层，就是隔离自由电子流动的层。

金属中的自由电子，在有电压时自由电子带电后会向电压的正极运动，此时自由电子的定向移动会形成电流。

带电体——物质失去电子，成为带正电的物质；如果获得电子，成为带负电的物质。

导体——导电性能良好的物质，例如银、铜、铁等。

绝缘体——导电性能差的物质，例如塑料、橡胶、陶瓷等。

 小结

总之，原子、自由电子，目前科研实验室借助仪器与设备，没有能真正看到原子的真面目。平常人平时更看不到。但是，在安装、施工、检修时，需要明确电看不到，并不表示电不存在，反而更应该谨慎与细心。

电流，也叫作电流强度。电流常用 I 表示。电流强度的单位是安或者安培，用字母 A 表示。电流常用单位有千安（kA）、安（A）、毫安（mA）、微安（μA）等，它们之间的关系如下：

$$1\text{kA} = 10^3 \text{A}$$

$$1A=10^3\,mA$$
$$1mA=10^3\,\mu A$$

1.1.6 电压与电阻

电路识图、安装、施工、检修时，除了掌握电的隐蔽性质电流外，还需要掌握、了解其电压、电阻、功率、频率等参数。

水流从高处往低处流，需要有地理位置高度差，也就是存在水压，电流从带正电的地方流向带负电的地方，需要有电位差。带正电的地方属于高电位，带负电的地方属于低电位。电位差，也就是电压。水压与电压如图 1-4 所示。

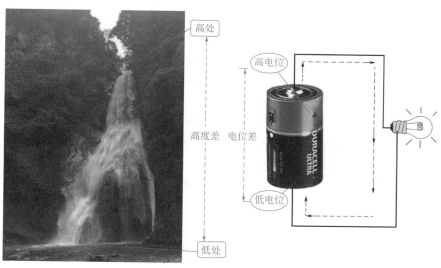

图 1-4　水压与电压

可以这样理解电流方向：电路中的电流方向与水流方向是一样的，也可以由一句俗语"水往低处流"改写成"电往低处流"来类似理解。这里电的低处，指的是低电位处。

固态金属内的正电荷不能流动，只有电子才流动，电子带有负电荷。因此，金属内的电子流动方向与常规电流的方向是相反的，如图 1-5 所示。

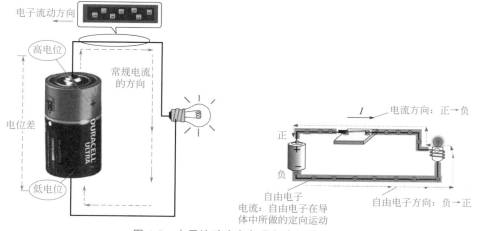

图 1-5　电子流动方向与常规电流的方向

电池外部，电流是从正极流到负极。电池内部，是从负极流到正极，如图 1-6 所示。

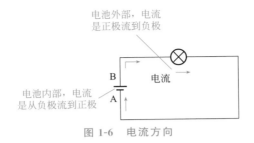

图 1-6　电流方向

电压的单位是伏特，用字母 V 表示，常用的单位有千伏（kV）、伏（V）、毫伏（mV）、微伏（μV）等。它们之间的关系如下：

$$1kV=10^3\,V$$
$$1V=10^3\,mV$$
$$1mV=10^3\,\mu V$$

电动势的单位符号也是 V，其与电压有差异。电动势，是指一种力量，一种"势力"，也就是威力，其往往在产生电位差（电压）时会产生。

电源的电动势等于电源没有接入电路时两极间的电压，也正是这个相等关系，才让人难分难辨。

电压与电动势的方向如图 1-7 所示。为便于理解，简言之：电压，指向低位；电动势，指向正向，满满的"正能量"。

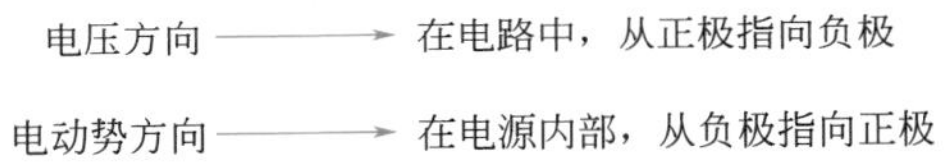

电压方向 ——————→ 在电路中，从正极指向负极

电动势方向 ——————→ 在电源内部，从负极指向正极

图 1-7　电压与电动势的方向

✎ 小结

　　总之，有水压，才能有水流；有电压，才能有电流。

电阻，简单的理解就是电的阻力、电流的阻力，实质上就是自由电子在物体中移动受到其他电子或者其他物质的阻碍。对于该种导电体所表现的这种阻碍能力就叫电阻。另外，有种元器件——电阻器，有时也笼统地叫作电阻。

电阻常用 R 表示。电阻的单位是欧姆，常用字母 Ω 表示。常用的单位有吉欧（GΩ）、兆欧（MΩ）、千欧（kΩ）、欧（Ω）、毫欧（mΩ）等。它们之间的关系如下：

$$1G\Omega=1000M\Omega=1000000k\Omega$$
$$1k\Omega=1000\Omega$$
$$1\Omega=1000m\Omega$$

1.1.7　电功、电功率与电能

理解电功，首先对其中的"功"字要了解。功，指功劳、成效和表现成效的事情、用力从事工作，以及"如果一个物体受到力的作用，并在力的方向上发生了一段位移，我们就说这个力对物体做了功"等。

那么电功，就是电流所做的功，电流的功劳，电流的成效，以及电流将电能转换成其他形式能量的过程。

电功常用符号 W 表示。电功的大小与电路中的电流（I）、电压（U）、通电时间（t）成正比。电功的计算公式为：

$$W = UIt = I^2Rt$$

根据电功的计算公式可以知道，如果加在用电器上的电压越高、通过的电流越大、通电时间越长，则电流做功就越多。

在相同时间内，电流通过不同用电器所做的功一般不相同。为了表示电流做功的快慢，引入了电功率的概念。

理解电功率，首先对其中的"率"字要了解。率，指两个相关的数在一定条件下的比值，有"大概""大抵"的意思。电功率，就是功、单位时间这两个相关的数在一定条件下的比值。书面的讲法，电功率也就是电流在单位时间内所做的功。

电功率用 P 来表示，其相关计算公式如下：

$$P = W/t$$
$$P = UI$$

式中，W 表示电功，t 表示时间，U 表示电压，I 表示电流。如果电压 U 的单位用伏特（V），电流 I 的单位用安培（A），则电功率 P 的单位为瓦特，简称瓦，符号为 W。

电功率的单位还有千瓦、毫瓦，符号分别是 kW、mW。另外，还有马力单位。它们之间的关系如下：

$$1kW = 1000W$$
$$1W = 1000mW$$
$$1ps = 736W$$
$$1kW = 1.36ps$$

把公式 $P = W/t$ 变形得到 $W = Pt$，以此可以定义电功率为"千瓦·时"，即电流在 1h 内所做的功，就是 $1kW \cdot h$。"千瓦·时"用符号 kW·h 表示。

$$1kW \cdot h = 1000W \times 3600s$$

理解电能，首先对其中的"能"字要了解。能，指能力、产生能量。电能，是指使用电以各种形式做功的能力，即产生能量的能力。

1.1.8　电流的热效应

电流不仅通过电动机时做功，通过电灯、电炉等用电器时也要做功。例如，电流通过电炉时发热，电能转化为热能。电流通过电灯时，灯丝灼热发光，电能转化为热能与光能。电流给蓄电池充电的过程是将电能转化为化学能。

电流通过导体时，由于自由电子的碰撞，电能会不断地转变为热能，这就是电流通过导体时会发生热的现象，即电流的热效应。

当电线导体生热达到一定温度时，电线绝缘层会出现发烫、冒烟等异常现象。

电流的热效应公式为：电热＝电流的平方×电阻×通电时间。根据该公式可以知道，选择电线时，电线允许通过的电流是需要考虑的重要参数。

1.1.9　基础电路符号与实物的对照

很多电路或者电路图是采用符号来表示的。因此，识图时、安装施工时、检修时，需要能够图物互转互联。由于电工涉及的具体领域多，因此，涉及的符号也比较多。本节仅介绍基础电路符号与实物对照（图 1-8），其他的符号在后续中介绍。

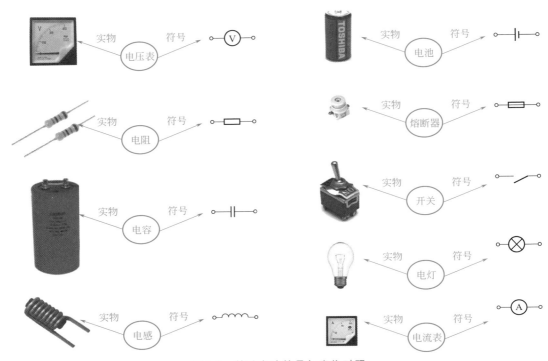

图 1-8　基础电路符号与实物对照

1.2　基础电路的识图与运用

1.2.1　电路的基本组成

电路的基本组成

电路是由各种元器件或电工设备根据一定方式连接起来的一个总体，其为电流的流通提供了路径。复杂的电路呈网状，又称为电网络。电路与电网络这两个术语是通用的。这如同复杂交错的马路往往也呈网状，所以也有路网一说。

电流流动的路径，往往是环路。因为，只有环路电子才能够不停地、连贯性地移动。流动，本身就意味着要不停地、连贯性地运动。

为此，电路的基本组成是一个环路。在电路环路上应具备相应功能的元器件或电工设备，如图 1-9 所示。

为电流的流通提供了路径

图 1-9　电路环路

电路的基本组成包括以下四个部分（图1-10）。

① 电源：供能元件，为电路提供电能的设备与器件，例如电池、发电机等。

② 负载：耗能元件，使用（消耗）电能的设备与器件，例如灯泡等用电器。

③ 控制器件：控制电路工作状态的设备与器件，例如开关等。

④ 连接导线：将电气设备与元器件按一定方式连接起来的导线，例如各种铜线、铝电缆线等。

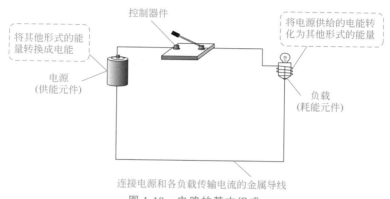

图1-10　电路的基本组成

电源可以产生电压。如前面所讲的：有水压，才能够有水流；有电压，才能够有电流。负载，是用电的承载物。例如，要想用电来发光，就在电路中安装上灯泡，以实现照明的目的。控制器件，可根据使用电路的目的，对电流是否暂停流动等进行的控制。连接导线，其实就是提供"路"与"路上的电子"。

1.2.2　认识电路图

电路图，理解起来其实很简单，就是元件与连线的图。进一步讲，就是元件符号与连线的图。

电路图中的元件，专业性的理解，就是将电路实体中的各种电气设备、元器件用一些能够表征其主要电磁特性的理想元件（或者模型）来代替，而对其实际上的结构、材料、形状等非电磁特性不予考虑。也就是在一定条件下对实际器件设备加以理想化，只考虑其中起主要作用的某些电磁现象，那么这些理想元件（或者模型）就叫作电路图中的元件、理想电路元件，简称电路元件。

常见的电路元件如下。

① 电感元件：一种表示其周围空间存在着磁场而可以储存磁场能量的元件。

② 电容元件：一种表示其周围空间存在着电场而可以储存电场能量的元件。

③ 电阻元件：一种只表示消耗电能的元件。

④ 多端元件：一种具有两个以上引出端的元件。

⑤ 二端元件：一种具有两个引出端的元件。

由理想元件（电路元件）构成的电路，叫作实际电路的电路模型，称为电路图，如图1-11所示。电路图中的元件，往往采用电路元件符号来代替。也就是说，符号代替了真正的元件，也代表了理想的元件（或者模型）。因此，有这么一说：电路图就是把电路符号连接起来的图。

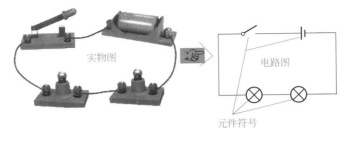

电路实体与电路
图中元件的对照

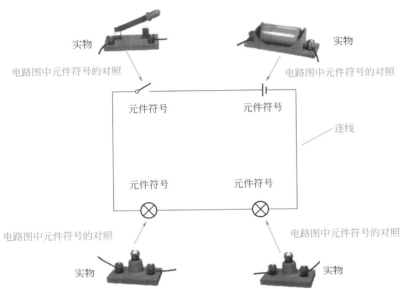

图 1-11　电路实体与电路图中元件的对照

1.2.3　简单直流电路

复杂的电路，往往以基本电路、简单电路为基础。因此，掌握基本的、简单的电路，可以为后面掌握复杂的电路打下基础。

众所周知，水流有大小，也有方向。如同水流一样，电流不仅有大小，也有方向。当电流的大小与电流的方向都不随时间变化时，则该电流称为直流电流，简称直流。当电流的量值与电流的方向随着时间按周期性变化，则该电流称为交流电流，简称交流。

其实，直流不仅包括直流电流，有的也指直流电压。同样的，交流，不仅包括交流电流，有的也指交流电压。

简单直流电路，元件与元件间的关系很简单，"利益分配"与"缠绵性"也不复杂。但是，因为电具有一些隐藏的知识，因此对其分析掌握就不那么简单了。

识读分析电路时，往往需要判断电路的状态情况。电路的状态，就是通路状态（闭路状态）、开路状态（断路状态）、短路状态（捷路状态），各自的特点如图 1-12 所示。

通路状态，比较好理解，就是处于连通的电路。开路状态，也比较好理解，就是处于断开的电路。短路状态，就是出现了短接的情况，有电源两端被短接、负载两端被短接等情况。如果电源两端被短接，并且没有保护措施，则电源或电器会被烧毁或发生火灾。也就是

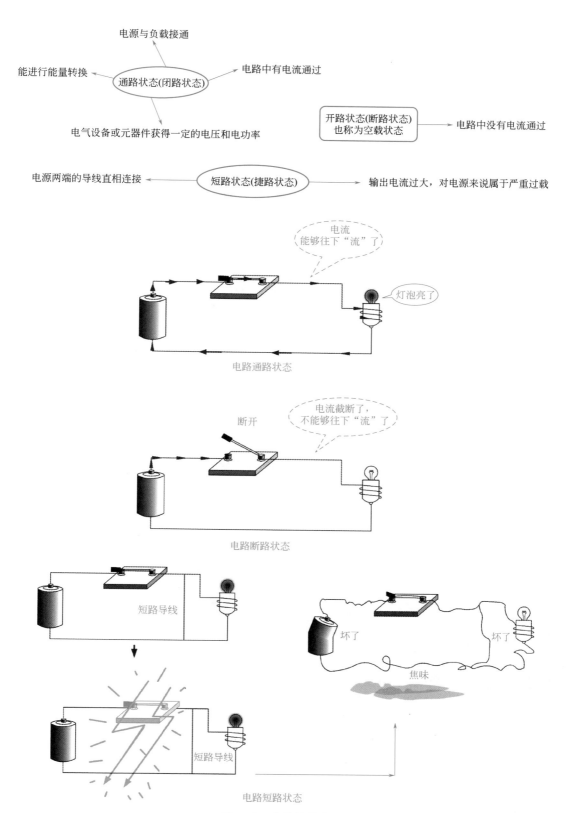

图 1-12 电路的状态

说，许多短路会引发不良后果。

另外，有时分析电路需要设参考方向：首先可以任意规定某一方向作为电流的参考方向或正方向，然后可以得知实际方向与参考方向是否一致，如图 1-13 所示。

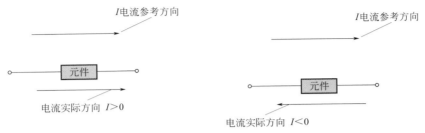

图 1-13　设参考方向

拓展

关联参考方向——元件的电压参考方向与电流参考方向是一致的，称为关联参考方向。关联参考方向如图 1-14 所示。

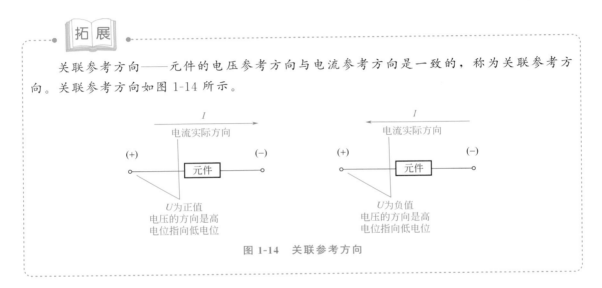

图 1-14　关联参考方向

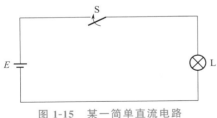

图 1-15　某一简单直流电路

某一简单直流电路如图 1-15 所示。通路状态的分析：当开关 S 关闭时，电路处于通路状态，则灯泡 L 中有电流通过，从而灯泡 L 会点亮发光。开路状态的分析：当开关 S 打开时，电路处于断路状态，则灯泡 L 中无电流通过，从而灯泡 L 不会点亮不会发光。

1.2.4　欧姆定律有关电路

欧姆定律有关的电路如图 1-16 所示。

【看图上直接呈现的信息】　图上有表示电源的 E，表示负载的 R，电源 E 与负载 R 之间通过线连接连通。

【想图上隐含的或者遵循的支持信息】

（1）欧姆定律

欧姆定律是指在同一电路中，通过某段导体的电

图 1-16　欧姆定律有关的电路

流跟这段导体两端的电压成正比，跟这段导体的电阻成反比。换个角度来理解，欧姆定律是关于某段导体的"三电关系"。"三电"分别指其电流、电压、电阻。"关系"就是等于与乘除的关系，即：

$$I=U/R$$

$$U=IR$$

$$R=U/I$$

式中　U——电压，V；

　　　R——电阻，Ω；

　　　I——电流，A。

（2）全电路欧姆定律

全电路欧姆定律，又叫作闭合电路欧姆定律。闭合电路，也就是不仅注重负载段，还需要考虑电源等整个环路。全电路欧姆定律：闭合电路的电流跟电源的电动势成正比，跟电源（内电路）电阻、外电路总电阻之和成反比。

$$I=E/(R+r)$$

式中　I——电路中的电流，A；

　　　E——电动势，V；

　　　R——外电路总电阻，Ω；

　　　r——电源（内电路）内阻，Ω。

常用的变形式有：

$$E=I(R+r)$$

$$E=U_{外}+U_{内}$$

$$U_{外}=E-Ir$$

欧姆定律有关电路的图解如图1-17所示。

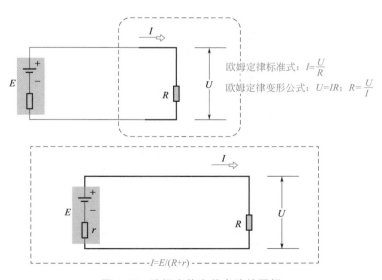

图1-17　欧姆定律有关电路的图解

1.2.5 电阻的串并联电路

采用节点法进行识读

(1) 电阻串联电路

电阻串联电路如图 1-18 所示。

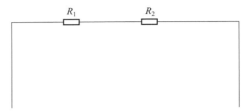

图 1-18 电阻串联电路

【看图上直接呈现的信息】 图上有表示电阻的 R_1、R_2，以及 3 段连线。采用节点法进行识读如图 1-19 所示。线 1 与电阻 R_1 的节点 1 相连，电阻 R_1 的节点 2 与线 2 一端相连，线 2 另外一端与电阻 R_2 的节点 3 相连，电阻 R_2 的节点 4 与线 3 一端相连。用文字表示其特点：电阻的串联就是将电阻首尾依次相连，电流只有一条通路的连接方法。

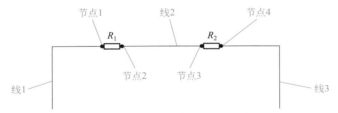

图 1-19 采用节点法进行识读

【想图上隐含的或者遵循的支持信息】 电阻串联电路的特点如下：

电流与总电流相等，即 $I=I_1=I_2=I_3=\cdots=I_n$。

总电压等于各电阻上电压之和，即 $U=U_1+U_2+U_3+\cdots+U_n$。

总电阻等于负载电阻之和，即 $R=R_1+R_2+R_3+\cdots+R_n$。

各电阻上电压降之比等于其电阻比。

电阻串联电路的特点如图 1-20 所示。

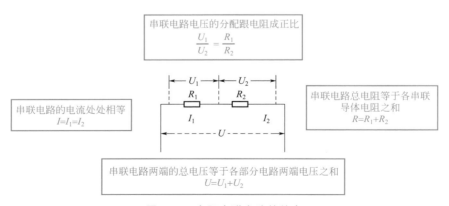

图 1-20 电阻串联电路的特点

电阻串联电路特点的形象类比如图 1-21 所示。

串联如同多人左手牵右手，
右手牵左手，排成一排

图 1-21　电阻串联电路特点的形象类比

（2）电阻并联电路

电阻并联电路如图 1-22 所示。

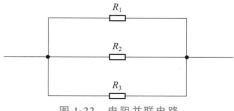

图 1-22　电阻并联电路

【看图上直接呈现的信息】　图上有表示电阻的 R_1、R_2、R_3，以及 8 段连线。采用节点法进行识读如图 1-23 所示。节点 1 与节点 8 为多线连接的共同节点。线 1 与节点 1 相连，节点 1 分别与线 2、线 3、线 4 的一端相连，线 2、线 3、线 4 的另外一端分别与电阻 R_1、R_2、R_3 的一端相连，电阻 R_1、R_2、R_3 的另外一端分别与线 5、线 6、线 7 的一端相连，线 5、线 6、线 7 的另外一端共同与节点 8 相连，节点 8 与线 8 相连。

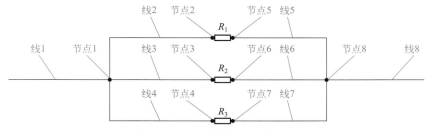

图 1-23　电阻并联电路的节点法

或者也可以这样来分析：线 1 与线 2、线 3、线 4 的一端相连于节点 1。线 2、线 3、线 4 的另外一端分别与电阻 R_1、R_2、R_3 一端相连于节点 2、节点 3、节点 4。电阻 R_1、R_2、R_3 的另外一端分别与线 5、线 6、线 7 的一端分别相连于节点 5、节点 6、节点 7。线 5、线 6、线 7 的另外一端共同与线 8 相连于节点 8。

用文字表示电阻并联电路的特点：电阻的并联电路就是将电路中若干个电阻并列连接起来的接法。

【想图上隐含的或者遵循的支持信息】 电阻并联电路的特点如下：

各电阻两端的电压均相等，即 $U_1 = U_2 = U_3 = \cdots = U_n$。

电路的总电流等于电路中各支路电流之和，即 $I = I_1 + I_2 + I_3 + \cdots + I_n$。

电路总电阻 R 的倒数等于各支路电阻倒数之和，即并联负载愈多，总电阻愈小，供应电流愈大，负荷愈重。

通过各支路的电流与各自电阻成反比。

拓展

电阻并联电路特点的形象类比如图 1-24 所示。

并联如同多人左手同在一边拉着，右手同在一边拉着并列而立

图 1-24 电阻并联电路特点的形象类比

1.2.6 单相交流电路

单相交流电路如图 1-25 所示。

图 1-25 单相交流电路

【看图上直接呈现的信息】 图上有符号表示灯泡，以及画有连线。另外，还有表示交流的符号"～"。

【想图上隐含的或者遵循的支持信息】 单相交流电是发电机线圈在磁场中旋转运动，在旋转方向上切割磁力线产生交变感应电动势。

单相交流发电机只有一个线圈在磁场中旋转运动，因此，电路里只能产生一个交变电动势。

单相正弦交流电一般有火线与零线供用电器连接。单相正弦交流电是按周期改变电流方向，火线电压是按正弦周期变化的，零线对地电压始终是相同的，也就是为 0。接用电器后零线也有电流，并且电流变化是有规律的。单相正弦交流的特点如图 1-26 所示。

单相正弦交流电，包括单相交流电流、单相交流电压。单相交流电流的特点如图 1-27 所示。

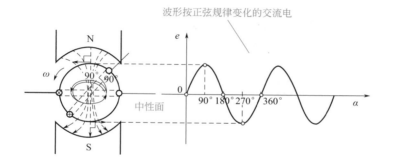

波形按正弦规律变化的交流电

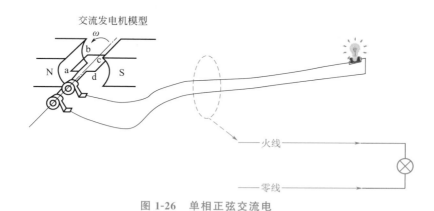

图 1-26　单相正弦交流电

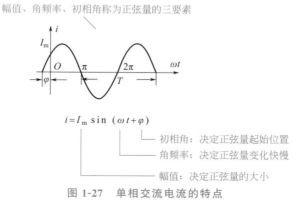

幅值、角频率、初相角称为正弦量的三要素

$$i = I_m \sin(\omega t + \varphi)$$

初相角：决定正弦量起始位置
角频率：决定正弦量变化快慢
幅值：决定正弦量的大小

图 1-27　单相交流电流的特点

　　家用的市电 220V 有火线、零线，但是，其不是简单由单相交流发电机引出的火线、零线，而是由发电厂发电，然后经过输电、配电、变压等引入的火线、零线。

　　发电厂送出来的电一般是三相电，即 4 根线，其中 3 根火线，1 根零线。家用的市电 220V 就是用其中 1 根火线、1 根零线（因发电厂送出来的电是高压电，需要经过输电、配电、变压后才能够达到 220V）。

　　取电网中的单相交流电使用，还涉及平衡问题，也就是 3 根火线的平衡问题。

1.2.7　三相交流电路

　　三相交流电路如图 1-28 所示。

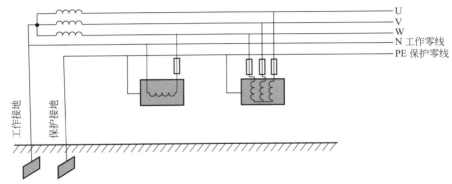

图 1-28　三相交流电路

【看图上直接呈现的信息】　图上文字符号 U、W、V 表示三相，分别用 3 根线来表示。另外，N、PE 符号分别表示工作零线、保护零线，分别用 2 根线来表示。一个设备连接 U、W、V 三相线，则说明其为三相供电，并且该设备没有连接 N 线，但是连接了 PE 线。另外一个设备连接 W、N、PE，则说明其为单相供电，并且采用了保护零线。

【想图上隐含的或者遵循的支持信息】　三相交流电就是发电机的磁场里有 3 个互成角度的线圈同时转动，电路里就产生三个相位依次互差 120°的交变电动势。三相交流电每一单相称为一相。

三相交流电具有转速相同、电动势相同、线圈形状相同、线圈匝数相同、电动势的最大值（有效值）相等等特点。

三相交流电的产生与特点如图 1-29 所示。

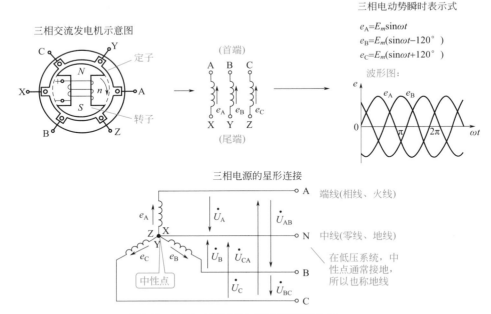

图 1-29　三相交流电的产生与特点

采用三相制的电力系统中，作为三相电源的三相交流发电机的 3 个绕组不是单独供电的，而是按照一定方式连接起来，形成一个整体。三相电源的连接有星形（Y 形）接法与三角形（△形）接法，它们引出的电线类型如图 1-30 所示。

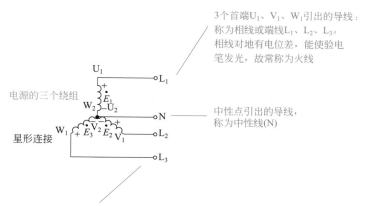

3 个首端U_1、V_1、W_1引出的导线：
称为相线或端线L_1、L_2、L_3。
相线对地有电位差，能使验电
笔发光，故常称为火线

中性点引出的导线，
称为中性线(N)

3 根相线和 1 根中性线都引出的供电方式称为三相四线制供电

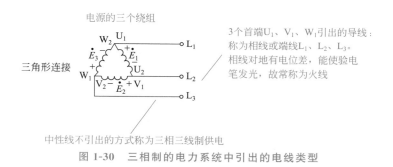

3 个首端U_1、V_1、W_1引出的导线：
称为相线或端线L_1、L_2、L_3。
相线对地有电位差，能使验电
笔发光，故常称为火线

中性线不引出的方式称为三相三线制供电

图 1-30　三相制的电力系统中引出的电线类型

电线类型见表 1-1。由 3 根相线和 1 根中线组成的输电方式叫作三相四线制（通常在低压配电中采用）。

表 1-1　电线类型

类型	解　　说
火线	始端 U_1、W_1、V_1 分别与负载相连，从始端 A、B、C 引出的三根导线称为端线，又叫作火线
零线	将三相交流发电机 3 个绕组的末端 U_2、W_2、V_2 连接在一点，成为一个公共点中(性)点 N。从中性点 N 引出的导线称为中性线，当中性点接地时，又叫作零线

平时看到马路上电线杆上的 4 根平行的电线就是三相四线制，也就是 3 根火线 1 根零线。三相五线制供电系统就是指 3 根火线 1 根零线 1 根地线。三相交流电的用途很多，工业中大部分的交流用电设备，例如电动机等都采用三相交流电。

日常生活中的家庭用电，基本使用单相电源，因照明一般采用单相电源，因此，单相电源也称为照明电。当采用照明电供电时，使用三相电其中的一相对用电设备供电，例如家用电器；另外一根线是三相四线中的第 4 根线零线，该零线是从三相电的中性点引出的。也就是家庭用电220V是端线与零线间的相电压。动力电380V是端线与端线间的线电压。

小结

三相电路是以三相电源供电的电路。

三相电源是以三相发电机发电的电源。

线电流是端线或火线中的电流。

线电压是端线间的电压，即火线与火线间的电压。

相电流是各相电源中的电流，即流过每一相线圈的电流。

相电压是电源每一相（端线与零线间）的电压。

第**2**章

电子电路基础知识与识图

2.1 电子电路的元器件

2.1.1 电阻的符号表示

某些电路中出现电阻符号的表示如图 2-1 所示。电阻，也叫作电阻器。作为元件的电阻，与电阻值简称的电阻是有区别的。

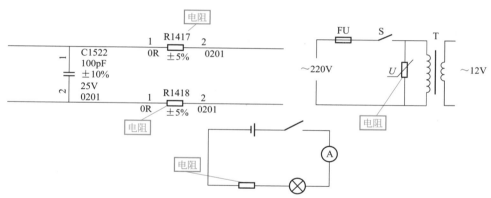

图 2-1 某些电路中出现电阻符号的表示

【看图上直接呈现的信息】 图上有表示元件的符号，以及有关连线。其中，这些电路中均出现了电阻符号，并且电阻的符号也不一样。

【想图上隐含的或者遵循的支持信息】 要想看懂电路，则需要掌握电阻的符号表示。常见电阻的符号表示见表 2-1。

表 2-1 常见电阻的符号表示

电阻名称(类型)	电阻符号	电阻典型实物
保险电阻		

电阻名称(类型)	电阻符号	电阻典型实物
电位器	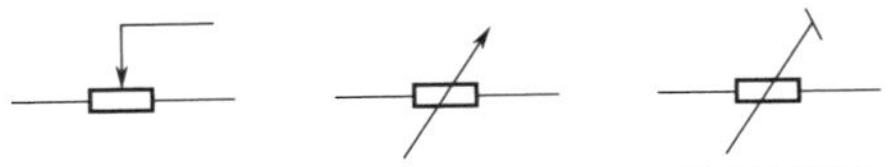 电位器　　　可调电阻器　　　微调电阻器	
金属膜电阻、氧化膜电阻	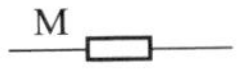 M	
排阻	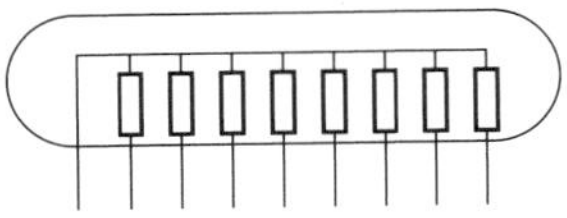	
湿敏电阻	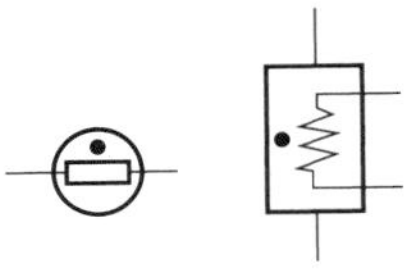	
压敏电阻	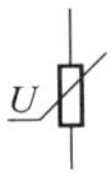 U	
一般电阻符号	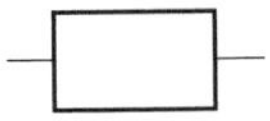	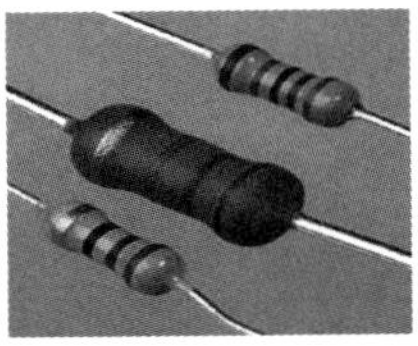

2.1.2　电阻的类型、参数表示

识图、安装、检修时，可能需要根据电路中电阻的符号表示来判断电阻的类型、参数、所用材料等信息。例如某些电路中电阻的类型、参数表示如图 2-2 所示。

【看图上直接呈现的信息】　图上有表示电阻的符号，有关电阻类型、参数表示，以及连线。有的图纸上还有电阻的引脚端编号。

【想图上隐含的或者遵循的支持信息】　图 2-2 中的一些电阻的类型、参数表示图解如图 2-3 所示。

电阻，顾名思义就是对电荷、电流具有阻挡作用的元件。电阻的种类比较多，有的电路中采用一定的标注表示其种类与有关参数。一些国产电阻的符号表示含义见表 2-2。一些日本产的电阻符号表示含义见表 2-3。

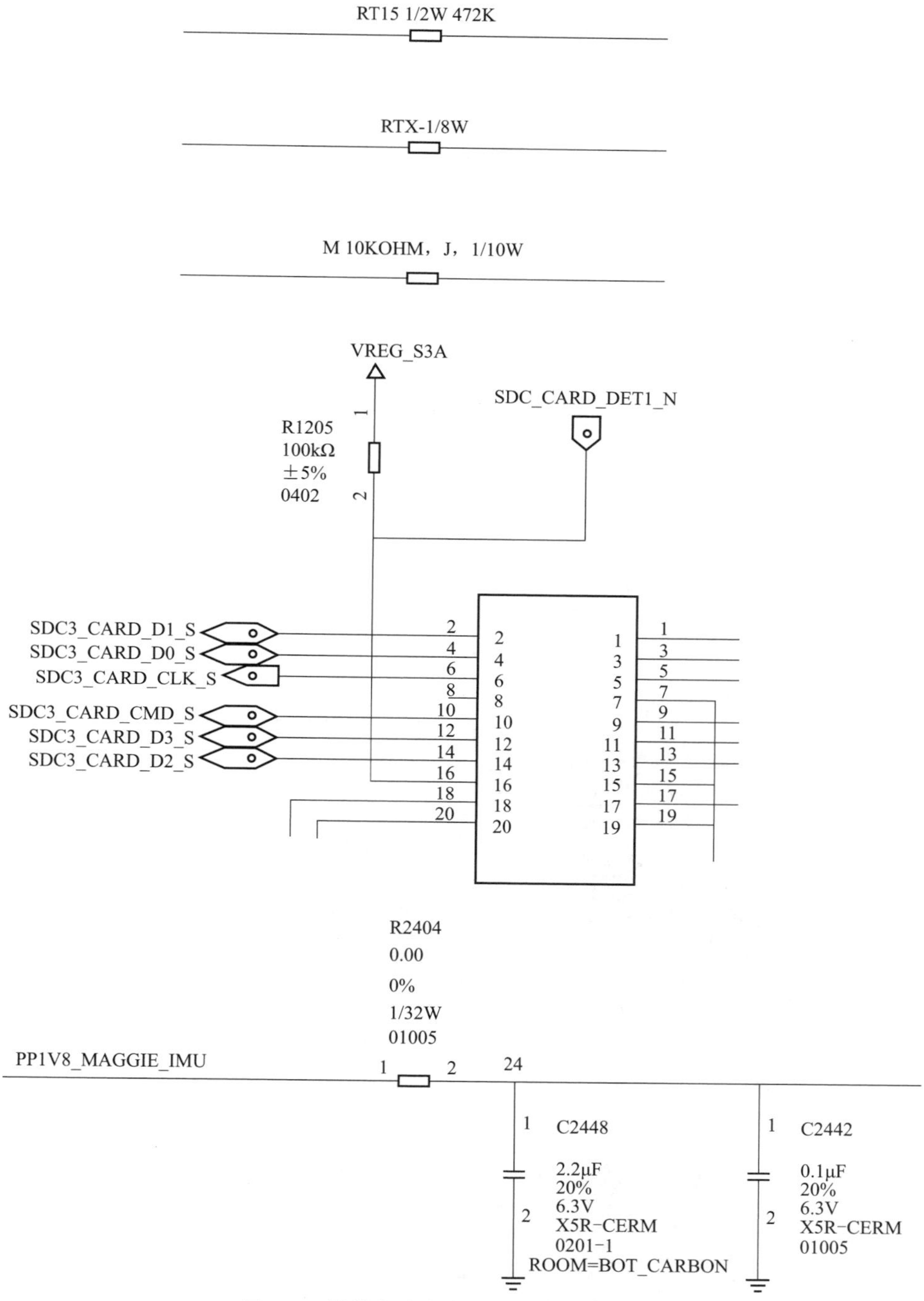

RT15 1/2W 472K

RTX-1/8W

M 10KOHM，J，1/10W

VREG_S3A

SDC_CARD_DET1_N

R1205
100kΩ
±5%
0402

SDC3_CARD_D1_S
SDC3_CARD_D0_S
SDC3_CARD_CLK_S

SDC3_CARD_CMD_S
SDC3_CARD_D3_S
SDC3_CARD_D2_S

2	2	1	1
4	4	3	3
6	6	5	5
8	8	7	7
10	10	9	9
12	12	11	11
14	14	13	13
16	16	15	15
18	18	17	17
20	20	19	19

R2404
0.00
0%
1/32W
01005

PP1V8_MAGGIE_IMU

1 2 24

1 C2448

2.2μF
20%
6.3V
X5R−CERM
0201−1
ROOM=BOT_CARBON

1 C2442

0.1μF
20%
6.3V
X5R−CERM
01005

图 2-2　某些电路中电阻的类型、参数表示

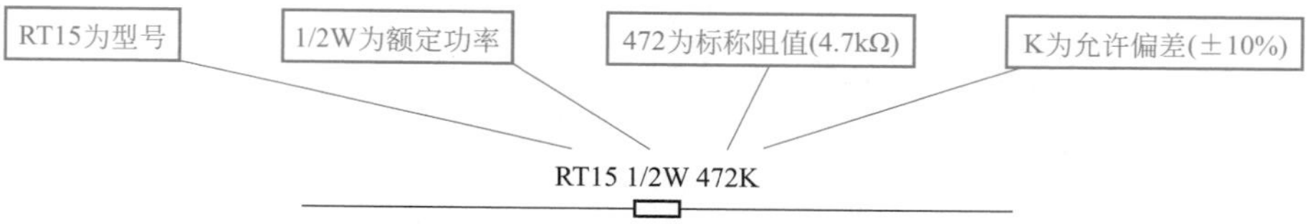

RT15为型号 | 1/2W为额定功率 | 472为标称阻值(4.7kΩ) | K为允许偏差(±10%)

RT15 1/2W 472K

图 2-3

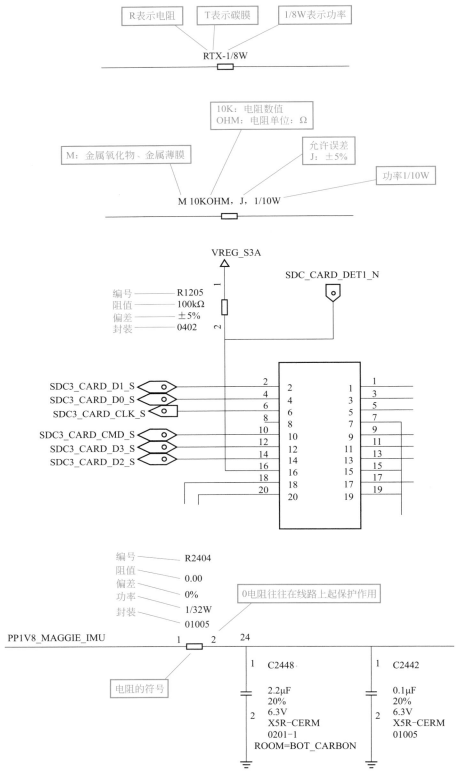

图 2-3 图 2-2 中的一些电阻的类型、参数表示图解

表 2-2　一些国产电阻的符号表示含义

主称(用字母表示)		材料(用字母表示)			分类(用字母或数字表示)		
第一部分		第二部分			第三部分		
符号表示	对应含义	符号表示	对应含义		符号表示	对应含义	
			电阻	电位器		电阻	电位器
R W C	电阻 电位器 电位器	T	碳膜	—	1	普通	普通
		J	金属膜	金属膜	2	普通	普通
		Y	氧化膜	云母	3	超高频	
		H	合成膜	合成膜	4	高阻	
		S	有机实心	有机实心	5	高温	
		N	无机实心	无机实心	6		
		I	玻璃釉	玻璃釉	7	精密	精密
		X	线绕	线绕	8	高压	特殊
		O	玻璃膜	玻璃膜	9	特殊	特殊
		P	硼碳膜	—	G	高功率	
		U	硅碳膜	—	T	可调	
		M	压敏	—	W		微调
		G	光敏	—	D		多圈
		R	热敏	—	X	小型	
		D	—	导电塑料	J	精密	
		C	—	瓷介	L	测量用	
		Y	—	—	Y	被釉	圆形
		B	—	聚苯乙烯	J	—	金属化
		F	—	聚四氟乙烯	—	—	—
		L	—	涤纶	M	—	密封
		Q	—	漆膜	G	—	管形
		Z	—	纸质	T	—	筒状
		A	—	钽			
		M	—	压敏			
		T	—	钛			
		N	—	铌			

第四部分是用数字表示序号;对于主称、材料、特征相同,但是尺寸与性能存在差异,然而对代换不影响的产品,则序号一样。当差异影响代换时,则序号不一样

表 2-3　一些日本产的电阻符号表示含义

符号	符号表示含义
RB	精密电阻线
RC	碳系混合体
RD	碳膜
RK	金属系混合体
RN	金属膜
RS	金属氧化膜
RW	功率电阻线

有的电路图上还标注了代表允许误差的字母。要想读懂这样的电路图，则需要掌握代表允许误差的字母的含义。电阻允许误差表示符号与精确等级对应关系见表2-4。

表2-4　电阻允许误差表示符号与精确等级对应关系

允许误差/%	±0.001	±0.002	±0.005	±0.01	±0.02	±0.05	±0.1
等级符号	E	X	Y	H	U	W	B
允许误差/%	±0.2	±0.5	±1	±2	±5	±10	±20
等级符号	C	D	F	G	J（Ⅰ）	K（Ⅱ）	M（Ⅲ）

有的电路图上的电阻采用了特殊的标注符号表示其功率，如图2-4所示。

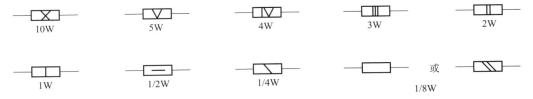

图2-4　特殊的标注符号表示电阻的功率

2.1.3　电容的符号表示

电容极性的判断

某些电路中出现如图2-5所示的电容的符号表示。

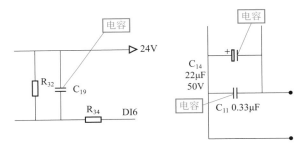

图2-5　某些电路中出现电容的符号表示

【看图上直接呈现的信息】　图上有表示元件的符号以及有关连线。电路中均出现了电容符号，并且电容的符号也不一样。

【想图上隐含的或者遵循的支持信息】　要想看懂电路，则需要掌握电容的符号表示。一些符号对应的电容见表2-5。

表2-5　一些符号对应的电容

符　　　号	对应的电容
—⊢⊢—	一般电容
⁺—⊢⊢—	电解电容
—⊢⊐⊢—	无极性电解电容

符　号	对应的电容
	可调电容
M	金属膜电容
+	铝电解电容
	瓷介电容
AC	交流瓷介电容
°	涤纶电容
•	聚丙烯电容
° °	金属化涤纶电容
+ T	钽电解电容
	穿芯电容

2.1.4　电容的类型、参数表示

　　识图、安装、检修时，可能需要根据电路中电容的符号表示来判断电容的类型，知晓电容的参数、所用材料等信息。例如某电路中出现如图 2-6 所示的电容表示。

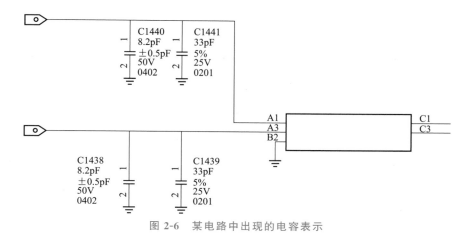

图 2-6　某电路中出现的电容表示

　　【看图上直接呈现的信息】　图上有表示电容的符号、编号，有关电容参数的表示，以及连线。

　　【想图上隐含的或者遵循的支持信息】　图 2-6 中的一些电容表示图解如图 2-7 所示。

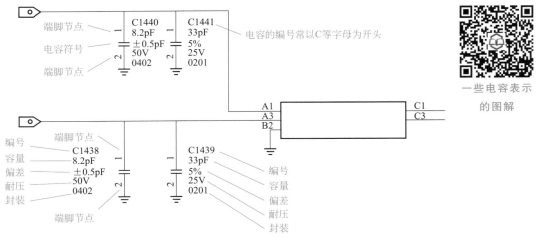

图 2-7　图 2-6 中的一些电容表示的图解

2.1.5　电感的符号表示

某些电路中出现如图 2-8 所示的电感的符号表示。

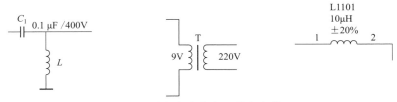

图 2-8　某些电路中出现的电感符号

【想图上隐含的或者遵循的支持信息】　要想看懂该电路，则需要掌握电感的符号表示。一些电感的符号表示见表 2-6。

表 2-6　一些电感的符号表示

符号				
电感类型	空心线圈	可调线圈	铁氧体磁芯线圈	可调铜芯线圈
符号				
电感类型	铁芯线圈	可调磁芯线圈	可变线圈	可调永久磁铁芯线圈
符号				
电感类型	可调磁芯	可调铜芯线圈	有滑动接点的电感线圈	带抽头的电感线圈

符号				
电感类型	空心变压器	磁芯或铁芯变压器	自耦变压器	耦合可变的变压器
符号				
电感类型	带可调磁芯的变压器	有极性标记的变压器	次级有中心抽头的变压器	绕组间有屏蔽层的铁芯变压器

2.1.6　电感的类型、参数表示

识图、安装、检修时，可能需要根据电路中电感的符号、标注表示来判断电感的编号、参数等信息。例如某电路中出现的电感表示图解如图 2-9 所示。

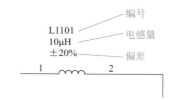

图 2-9　某电路中出现的电感表示图解

2.1.7　二极管的符号表示

某些电路中出现如图 2-10 所示的二极管符号表示。

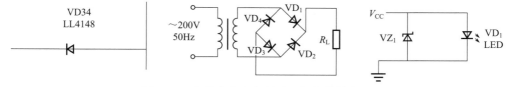

图 2-10　某些电路中出现的二极管符号表示

【想图上隐含的或者遵循的支持信息】　要想看懂电路，则需要掌握二极管的符号表示。一些二极管的符号表示见表 2-7。

整流二极管电极
的观察法判断

表 2-7　一些二极管的符号表示

符号	二极管类型	符号	二极管类型
	双向触发二极管		双向击穿二极管
	普通二极管		体效应二极管

符号	二极管类型	符号	二极管类型
	变容二极管		发光二极管
	隧道二极管		肖特基二极管
	稳压二极管		接收二极管
	磁敏二极管		恒流二极管

2.1.8 二极管的类型、参数表示

识图、安装、检修时，可能需要根据电路中二极管的符号、标注表示来判断二极管的型号、编号等信息。例如某电路中出现的二极管表示图解如图 2-11 所示。

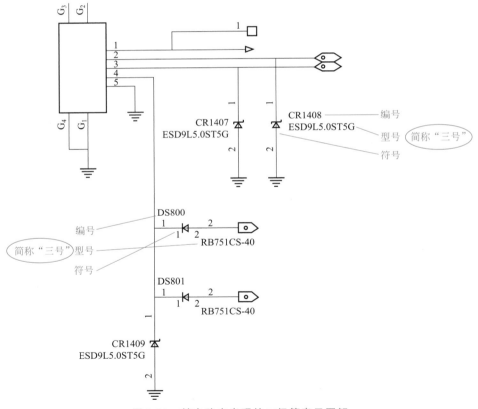

图 2-11 某电路中出现的二极管表示图解

2.1.9 三极管的符号表示

某些电路中出现如图 2-12 所示的三极管的符号表示。

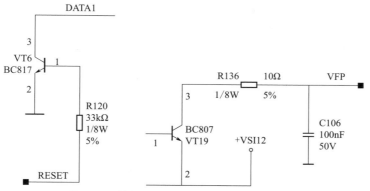

图 2-12　某些电路中出现的三极管符号表示

【想图上隐含的或者遵循的支持信息】　要想看懂电路，则需要掌握三极管的符号表示。一些三极管的符号表示见表 2-8。

表 2-8　一些三极管的符号表示

符号	名称	符号	名称
B〈三极管符号〉C E	PNP 三极管	B〈三极管符号〉C E	NPN 三极管
〈光敏三极管符号〉	光敏三极管	B〈符号〉C E	带阻尼二极管 NPN 三极管
〈复合三极管符号〉	复合三极管	B〈符号〉C E	带阻尼电阻,带阻尼二极管 NPN 三极管

2.1.10　三极管的类型、参数表示

识图、安装、检修时，可能需要根据电路中三极管的符号、标注表示来判断三极管的型号、编号等信息。例如某电路中出现的三极管表示图解如图 2-13 所示。

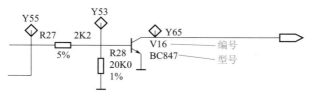

图 2-13　某电路中出现的三极管表示图解

2.1.11　晶闸管的符号表示

某些电路中出现如图 2-14 所示的晶闸管的符号表示。

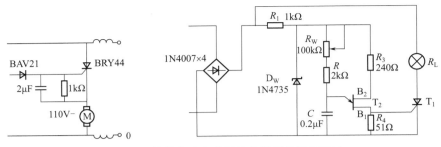

图 2-14　某些电路中出现的晶闸管的符号表示

【想图上隐含的或者遵循的支持信息】　要想看懂电路，则需要掌握晶闸管的符号表示。一些晶闸管的符号表示见表 2-9。

表 2-9　一些晶闸管的符号表示

符号	晶闸管类型
	反向阻断二极闸流晶体管
	反向阻断三极闸流晶体管，N 栅（阳极侧受控）
	可关断三极闸流晶体管，N 栅（阳极侧受控）
	双向三极闸流晶体管
	双向二极闸流晶体管；双向二极晶闸管
	反向阻断三极闸流晶体管，P 栅（阴极侧受控）
	反向阻断四极闸流晶体管
	逆导二极闸流晶体管
	三极晶闸管
	可关断三极闸流晶体管，P 栅（阴极侧受控）
	可关断三极闸流晶体管
	光控晶闸管
	逆导三极闸流晶体管，N 栅（阳极侧受控）
	逆导三极闸流晶体管，未指定栅极

2.1.12　晶闸管的类型、参数表示

识图、安装、检修时，可能需要根据电路中晶闸管的符号、标注表示来判断晶闸管的型号、编号等信息。例如某电路中出现的晶闸管表示图解如图 2-15 所示。

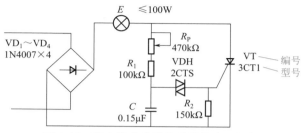

图 2-15　某电路中出现的晶闸管表示图解

2.1.13　场效应管的符号表示与图解

某些电路中出现如图 2-16 所示的场效应管的符号表示（为避免图重复，场效应管表示的说明也标注在图上。实际上，原图是没有相关图解说明的。本书中其他地方也有类似情

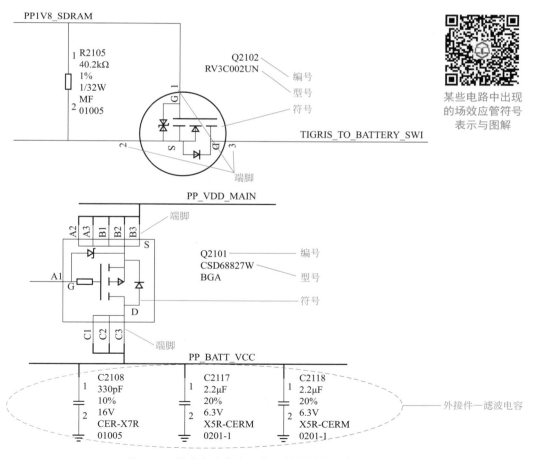

图 2-16　某些电路中出现的场效应管符号表示与图解

况，不再一一说明）。

【想图上隐含的或者遵循的支持信息】 要想看懂电路，则需要掌握场效应管的符号表示。一些场效应管的符号表示见表 2-10。

表 2-10 一些场效应管的符号

符号	名称	符号	名称
D漏极 G栅极 S源极	结型场效应管 P-JFET	D漏极 G栅极 S源极	结型场效应管 N-JFET
D漏极 G栅极 S源极	绝缘栅增强型 N-MOS	D漏极 G栅极 S源极	绝缘栅增强型 P-MOS
D漏极 G栅极 S源极	绝缘栅耗尽型 N-MOS	D漏极 G栅极 S源极	绝缘栅耗尽型 P-MOS

2.1.14 IGBT 管的符号表示与图解

某些电路中出现如图 2-17 所示的 IGBT 符号的表示，以及 IGBT 管表示图解。

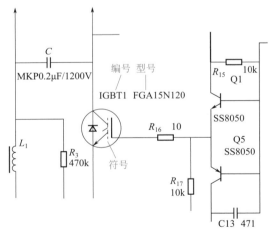

图 2-17 某些电路中出现的 IGBT 符号与 IGBT 管表示图解

【想图上隐含的或者遵循的支持信息】 要想看懂电路，则需要掌握 IGBT 管的符号表示。一些 IGBT 管的符号表示如图 2-18 所示。当然，不同国别的、不同厂家的、不同种类的 IGBT 符号有所差异。另外，有的 IGBT 管符号给出了 IGBT 内部等效电路，如图 2-19 所示。

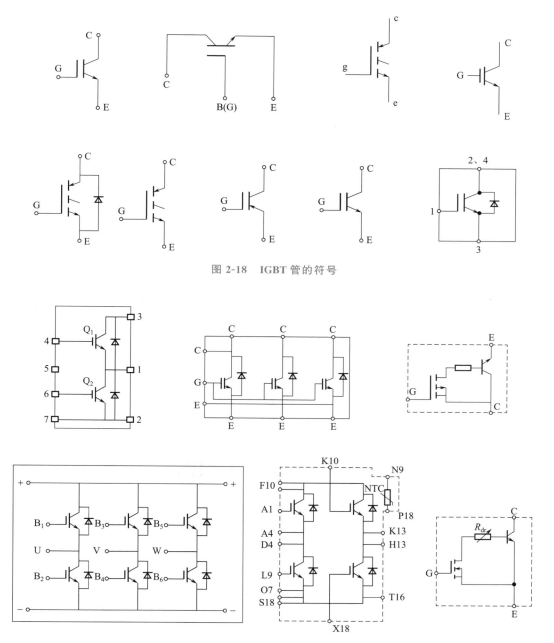

图 2-18　IGBT 管的符号

图 2-19　有的 IGBT 管符号给出了 IGBT 内部等效电路

2.1.15　芯片的符号表示与图解

　　某些电路中出现如图 2-20 所示的芯片符号的表示，以及芯片表示图解。

　　【想图上隐含的或者遵循的支持信息】　要想看懂电路，则需要掌握芯片的符号、标注表示。不同国别的、不同厂家的、不同种类的芯片符号、标注有所差异。芯片编号常以 U、IC 等开头。

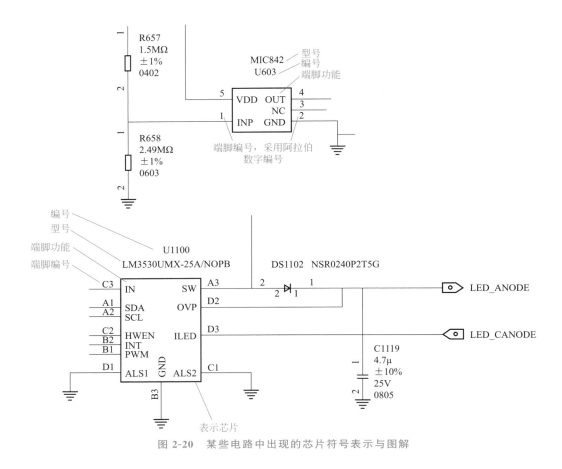

图 2-20　某些电路中出现的芯片符号表示与图解

2.2　基础电子电路的识图与运用

2.2.1　电阻分流电路

电阻分流电路如图 2-21 所示。电阻分流电路，主要是将电阻并联在需要分流的元件或者电路上。如果电压不变，则电阻并联就分（电）流了。电阻分流电路的形象理解，就像是水管并接分水流一样。

小结

电阻要起到分流作用，则需要并联。

图 2-21　电阻分流电路　　　　图 2-22　电阻限流电路

2.2.2 电阻限流电路

电阻限流电路如图 2-22 所示。电阻限流是将电阻串联在电路中，从而增大了该段电路的总阻值，在电压不变的情况下，则该段电路回路的电流会减小，即达到了限流作用。

电阻限流电路

电阻限流就是减小相应电流，例如：

① TTL 与 CMOS 集成电路经常在电源端 V_{DD} 与外电源间加限流电阻，可以限制大电流进入集成电路对其产生破坏。

② CMOS 的输入端接低内阻的信号源时，要在输入端和信号源间串联限流电阻，使输入的电流限制在一定的范围之内。

电阻要起到限流作用，则需要串联。

2.2.3 电阻分压电路

电阻分压电路如图 2-23 所示。该电路的 U_o、U_i、R_2、R_1 的计算关系如下：

$$U_o = U_i \times R_2 / (R_1 + R_2)$$

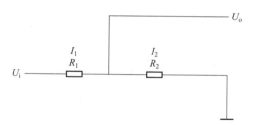

图 2-23　电阻分压电路

当 U_i 不变时，R_1、R_2 有着不同变化，则可以引发 U_o 的不同变化：

（1）R_1 不变、R_2 减小，则 U_o 减小；

（2）R_1 不变、R_2 增大，则 U_o 增大；

（3）R_2 不变、R_1 减小，则 U_o 增大；

（4）R_2 不变、R_1 增大，则 U_o 减小；

（5）当 R_1 短路，则 $U_o = U_i$；

（6）当 R_1 开路，则 $U_o = 0V$；

（7）当 R_2 短路，则 $U_o = 0V$；

（8）当 R_2 开路，则 $U_o = U_i$；

（9）当接地路径断开，则 $U_o = U_i$。

一些电阻分压电路的识读分析如图 2-24 所示。

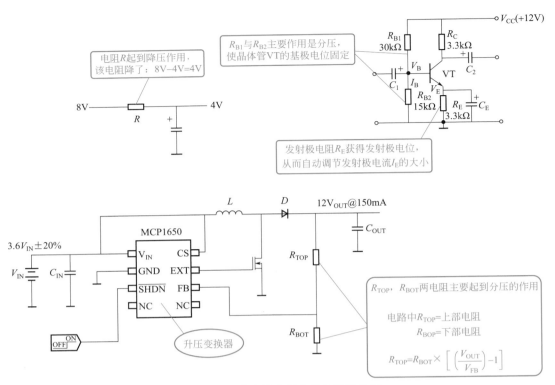

图 2-24　一些电阻分压电路的识读分析

拓展

电阻分压电路的识读技巧，可以类似于台阶的高度来理解。台阶的总高度相当于电路的总电压，分台阶的高度，相等于电阻分压电路的电压，也就是分电压，如图 2-25 所示。

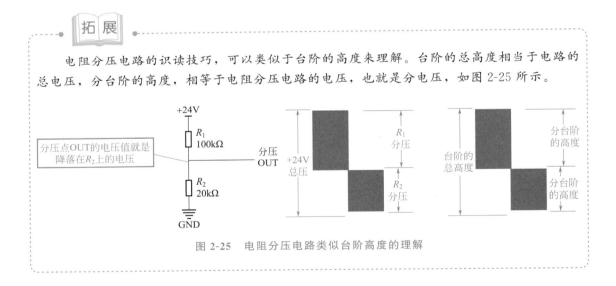

图 2-25　电阻分压电路类似台阶高度的理解

2.2.4　上拉电阻电路

上拉电阻是指将某电位点与电源相连的电阻。上拉一般是通过电阻接到高电平。上拉电阻电路如图 2-26 所示。上拉就是将不确定的信号通过一个电阻钳位在高电平，电阻同时起限流作用。

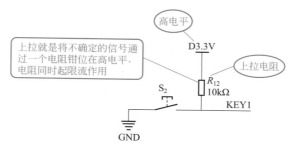

图 2-26 上拉电阻电路

上拉电阻阻值的选择原则有以下几点。

① 电阻小，电流大：从确保足够的驱动电流考虑应当足够小。

② 电阻大，电流小：从节约功耗与集成电路的灌电流能力考虑应当足够大。

识读图时，如果发现电阻不上拉高电位，则说明该电阻不是上拉电阻。看电流时，上拉是对器件输入电流。

2.2.5 下拉电阻电路

下拉电阻就是在某电位点与地相连的电阻。下拉一般是通过电阻接到参考地（低电平）。下拉电阻电路如图 2-27 所示。下拉电阻一般只是拉到 GND。下拉电阻一般用于设定低电平或者是阻抗匹配。

上拉、下拉电阻的主要应用见表 2-11。

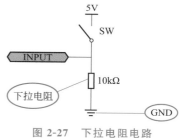

图 2-27 下拉电阻电路

表 2-11 上拉、下拉电阻的主要应用

名称	应用
CMOS 集成电路	在 CMOS 集成电路上,因为是属于电压控制器件,输入总阻抗大,对干扰信号的捕捉能力强,为防止静电造成不必要的损坏,不能够使有关引脚悬空。因此,一般通过接上拉电阻或下拉电阻,给它一个恒定的电平或者减小输入阻抗,以便提供泄荷通路
OC、OD 门电路	OC 门(即集电极开路门电路)与 OD 门(即漏极开路门电路)必须外接上拉电阻与电源,才能提高输出的高电平值,将开关电平作为高低电平用,否则它一般只作为开关大电压和大电流的负载
TTL 电路	当 TTL 电路驱动 CMOS 电路时,TTL 电路输出的高电平小于 CMOS 电路的最低高电平(一般 3.5V),此时一般要在 TTL 的输出端接上拉电阻,以提高输出高电平的值
长线传输	长线传输中电阻不匹配,则容易引起反射波干扰,当外接上拉电阻、下拉电阻匹配,则有效地抑制反射波的干扰
单片机	为了加大输出引脚的驱动能力,有的单片机引脚上也常外接上拉电阻。有的中断引脚端必须接上拉(对于低电平有效)电阻或下拉(对于高电平有效)电阻以防止误中断操作等
集成电路	集成电路引脚外接上拉电阻以提高输出电平,从而提高集成电路的输入信号噪声容限,以增强抗干扰能力。如果引脚悬空则容易接收外界的电磁干扰

拓展

上拉、下拉电阻的应用主要是提高引脚的驱动能力以及防止临界电平引起的误操作。如果某电位点有上拉或下拉电阻就组成了分压电路，此时，电阻又叫分压电阻。识读图时，如果发现电阻不下拉低电位，则往往说明该电阻不是下拉电阻。看电流时，下拉是器件输出电流。

 小结

特点法判断电阻是分压电阻，是根据电阻的降压作用可以构成分压器。分压器的分压比取决于构成分压器电阻的阻值比。

2.2.6　电阻电平调节与阻抗匹配电路

电阻电平调节与阻抗匹配电路如图 2-28 所示。电阻用于电平调节，主要是利用电阻组成衰减器。

阻抗匹配是指负载阻抗与激励源内部阻抗互相适配，得到最大功率输出的一种工作状态，减小不必要的反射。不同特性的电路，匹配条件不一样。纯电阻电路中，负载电阻等于激励源内阻时，输出功率为最大，此时的工作状态称为匹配，否则称为失配。

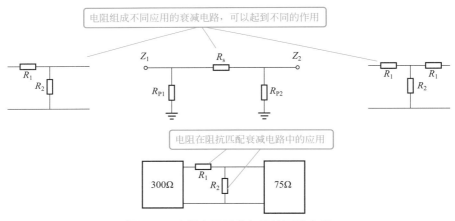

图 2-28　电阻电平调节与阻抗匹配电路

为了达到性能最佳，有的电路设计了匹配电阻，从而满足阻抗匹配的需要。

2.2.7　电阻检测电路

电阻检测电路如图 2-29 所示。电阻检测，也就是检流。起检流作用的电阻就叫作检流电阻、电流检测电阻、电流感应电阻。

检流电阻一般与被检测的器件串联，从而对流过该器件的电流进行采样。

检流电阻一般串联在电源的输出端，两端的电压与待测电流成正比，然后利用电压放大器放大，再提供相应的电压驱动或者电流驱动。

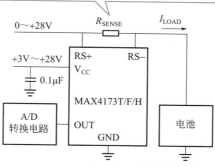

检测电阻R_{SENSE}的选择：

① 精度——检流电阻上的电压越大，运放的失调电压和输入偏置电流的影响就相对越小。因此，较大的检流电阻可以获得更高的小电流的测量精度。

② 电感——如果I_{SENSE}包含大量高频成分，则检测电阻的电感量要很小，线绕电阻的电感最大，金属膜电阻比较好。

③ 效率和功耗——当电流较大时，R_{SENSE}上的功耗不能忽略。如果允许检流电阻发热，则电阻阻值可大一些。

④ 电压损耗——为了减少电压损耗，应选用小阻值的检流电阻

图 2-29　电阻检测电路

2.2.8　电阻反馈电路

电阻反馈电路如图 2-30 所示。反馈就是将输出端的信号经过反馈网络的变换后传递给输入端，从而影响原有电路的有关特性。反馈电阻是反馈网络的组成元件之一。

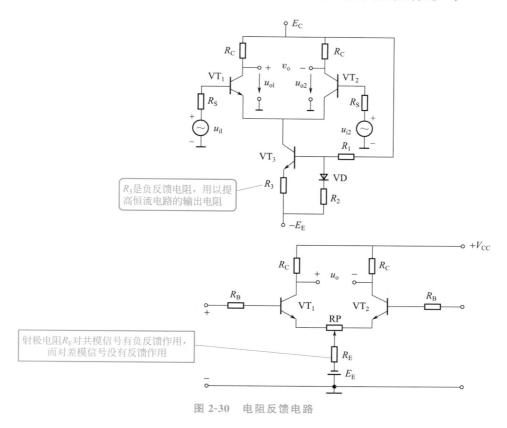

R_3是负反馈电阻，用以提高恒流电路的输出电阻

射极电阻R_E对共模信号有负反馈作用，而对差模信号没有反馈作用

图 2-30　电阻反馈电路

2.2.9 交流电容应用电路

一些交流电容应用电路如图 2-31 所示。交流电容在排风扇、洗衣机等家电中有应用。这些电容主要用于电动机的启动、运转，主要提供移相交流电路。因此，它们在实际的电路中又叫启动电容与运转电容。

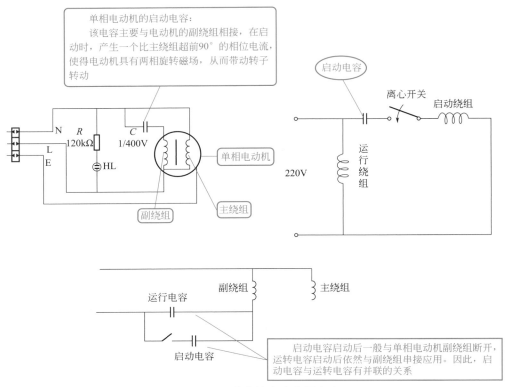

图 2-31　一些交流电容应用电路

家电常用的交流电容有 CBB60、CBB61，其中，CBB61 用于小家电，CBB60 用于体积较大的、电动机功率较大的家电。CBB61 金属化聚丙烯薄膜电容的容量范围为 0.33～20μF，耐压有 AC 250V、AC 350V、AC 400V、AC 500V。CBB60 金属化聚丙烯薄膜电容的容量范围为 1～100μF，耐压有 AC 250V、AC 350V、AC 400V、AC 500V。

2.2.10 高压电容应用电路

高压电容应用电路如图 2-32 所示。一般电容的耐压值不是很高，但是在微波炉中，有一种高压电容，其耐压在 2000V 左右。因此，该电容的突出特点在于其耐高压。

2.2.11 电容滤波电路

电容滤波电路如图 2-33 所示。滤波电路主要用于滤去整流输出电压中的纹波。滤波电

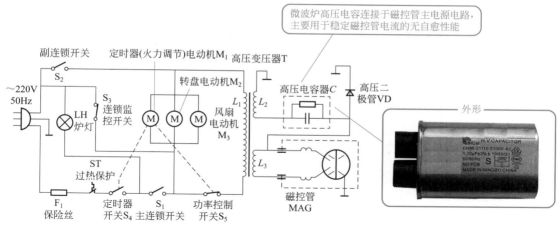

图 2-32 高压电容应用电路

路一般由电抗元件组成，常见的有在负载电阻两端并联电容器，或与负载串联电感器，或者由电容与电感等组成各种复式滤波电路。

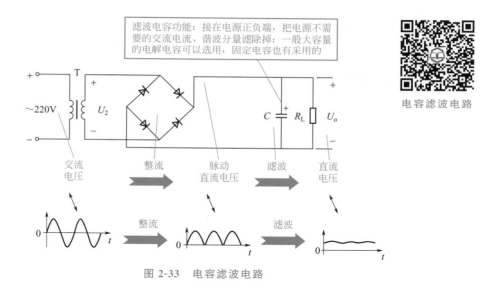

图 2-33 电容滤波电路

　　滤波电路的作用是尽可能减小脉动的直流电压中的交流成分，保留其直流成分，从而使输出电压纹波系数降低，波形变得更平滑。滤波，也就是滤掉波动的"交流成分"。

2.2.12 电容退耦电路

　　电容退耦电路如图 2-34 所示。退耦电容主要接在电路正负端间或者防止前后电路网络电流大小变化，预防电路通过电源内阻形成正反馈而引起的寄生振荡。电解电容等类型的电容均可以作为退耦电容。退耦滤波电容的容量一般是 $47\sim200\mu F$，但为了配合大容量电解电容的有效滤波，一般在大容量电解电容旁边并联一只小电容的电路结构，这样大容量电解电容肩负着低频交变信号的退耦、滤波、平滑的作用；小容量电容则主要消除电路网络中的中、高频寄生耦合。此大容量电解电容与小容量电容均称为退耦电容。

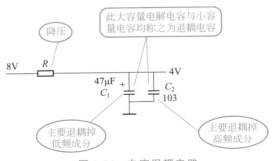

电容退耦电路

图 2-34　电容退耦电路

　　退耦电容一般并接在电路正负极间。退耦电路通常设置在两级放大器间。因此，退耦电路多见于多级放大器。采用退耦电路可以消除多级放大器间的有害交连。

2.2.13　电容耦合电路

　　电容耦合电路如图 2-35 所示。耦合电容的功能：隔离直流信号，通交流信号或者脉动信号，从而使信号间、放大器工作点间不互相影响。

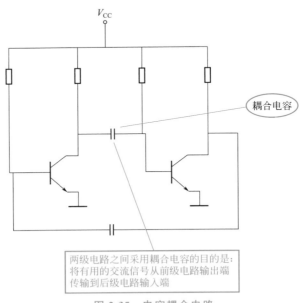

图 2-35　电容耦合电路

　　凡是电路中有耦合电容，则前后级间的直流电路就是彼此独立的。电容耦合电路的使用较广，只要是有信号传输的电路都有可能用到电容耦合电路，无论是放大器电路、振荡器电路还是自动控制电路。常见的电容耦合电路有音频电容耦合电路、变形的音频电容耦合电路、高频电容耦合电路、集成电路输入耦合电容电路和输出耦合电容电路等。

拓展

检修时，如果怀疑耦合电容开路时，可以直接用一只等容量的电容并联在原电容上，如果电路恢复正常，则说明原耦合电容开路了。

2.2.14 电容旁路电路

电容旁路电路如图 2-36 所示。旁路电容功能：在某点与公共电位点跨接，使信号中的交流与脉冲信号由此通路通过，从而避免经过电阻时产生电压降，即为交流电路中某些并联的元件提供低阻抗通路。

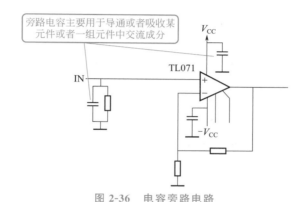

图 2-36　电容旁路电路

拓展

旁路，也叫作去耦。高频旁路电容一般比较小；去耦合电容的容量一般较大。

2.2.15 电容中和电路

电容中和电路如图 2-37 所示。中和电容功能：接于三极管的集电极与基极间，从而克服此极间电容引起的自激振荡等现象。该电容在一些高频放大电路中有应用。在实际应用电路中，C 的适当取值反馈的电压与 C_{bc} 极间的信号大小相等、相位相反，即可以起到抵消中和作用。

不是所有中频放大器、高频放大器中必须加中和电容。如果使用结电容很小的中频放大管、高频放大管，则不需要中和电容电路。

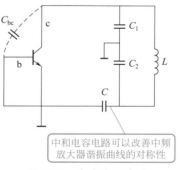

图 2-37　电容中和电路

2.2.16 电容调谐电路

电容调谐电路如图 2-38 所示。谐振电容主要是跨接在振荡电路、谐振电路线圈两端的电容，与线圈构筑相应振荡频率。谐振电容的作用其实是实现瞬时的增压。

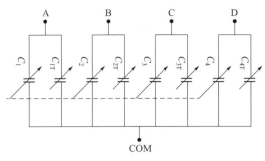

图 2-38　电容调谐电路

拓展

　　LC 电路，又叫作谐振电路、LC 槽路、LC 调谐电路，其实质是包含一个电感和一个电容连接在一起的组合电路。

2.2.17　电容垫整电路

　　电容垫整电路如图 2-39 所示。垫整电容主要用于提高低频端振荡频率、减少振荡信号频率范围。垫整电容一般与调谐电容串接。

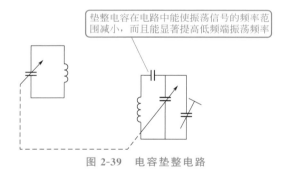

垫整电容在电路中能使振荡信号的频率范围减小，而且能显著提高低频端振荡频率

图 2-39　电容垫整电路

2.2.18　电容补偿电路

　　电容补偿电路如图 2-40 所示。补偿电容主要用于扩大振荡信号频率范围。补偿电容一般与调谐电容串接。

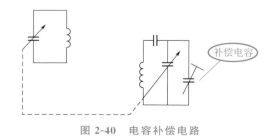

补偿电容

图 2-40　电容补偿电路

2.2.19　电容自举升压电路

电容自举升压电路如图 2-41 所示。自举电路也叫作升压电路，其是利用自举升压二极管、自举升压电容等电子元件，使电容放电电压与电源电压叠加，从而使电压升高。

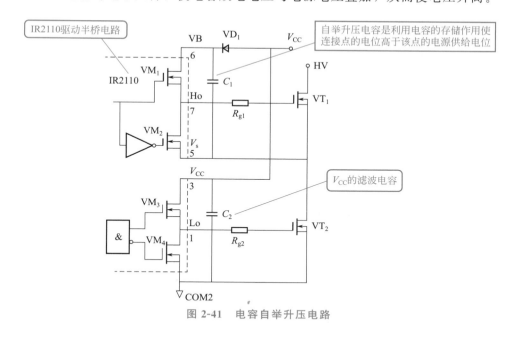

图 2-41　电容自举升压电路

2.2.20　电容定时电路

电容定时电路如图 2-42 所示。定时电容一般与串接的电阻共同决定定时时间的长短。电容定时电路是利用开关接通时，电容开始充电；开关断开时，电阻会限制电容的放电，只让其放出一些电流，使电容放电有了一定的时间。

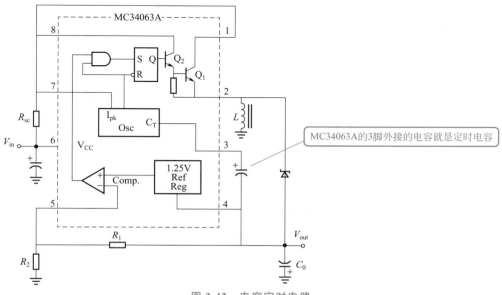

图 2-42　电容定时电路

2.2.21　电容软启动电路

电容软启动电路如图 2-43 所示。采用软启动电容，可以防止浪涌电流或者电压对有关元件的冲击。电容软启动电路主要应用于开关电路中的开关管的基极中。

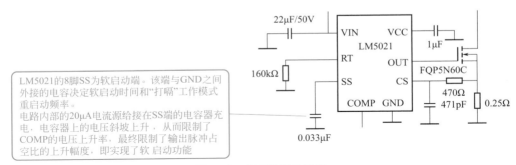

LM5021的8脚SS为软启动端。该端与GND之间外接的电容决定软启动时间和"打嗝"工作模式重启动频率。
电路内部的20μA电流源给接在SS端的电容器充电，电容器上的电压斜坡上升，从而限制了COMP的电压上升率，最终限制了输出脉冲占空比的上升幅度，即实现了软启动功能

图 2-43　电容软启动电路

2.2.22　输入电容和输出电容电路

输入电容和输出电容电路分别如图 2-44 和图 2-45 所示。输入电容主要用于抑制输入端较大的瞬变电压，输入电容的容值由电路的均方根电流和电压共同影响。在开关电源的设计中，输入电容与输出电容常常包括两类电容，分别起不同的作用。一类起减小输入输出纹波的作用，一般容值较大，容值的选取与纹波的要求以及电源的开关频率和设计有关。另一类电容是高频耦和电容，一般容值较小，要求尽可能靠近芯片。其容值的选取与滤除的可能干扰信号的频率与幅度有关。

输入电容一般选择低等效串联电阻的铝、钽电容或陶瓷电容。

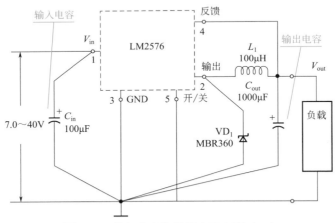

图 2-44　输入电容和输出电容电路 （一）

图 2-45 中，在 LED 两端并联一个输出电容可以减小输出电压纹波，也就可以减小 LED 的纹波电流，并且输出电容越大，LED 上的电流纹波越小。该电容减小 LED 上电压上升的速率，会增加启动时间。为了减小输出的纹波，需要选择输出电容值比较大的电容。但是，如果输出电容过大，则会使系统反应时间过慢。如果负载较小，可以使用较小的电容。

输出电容也可以选择 ESR （等效串联电阻）低的钽电容或者多个电容并联使用。

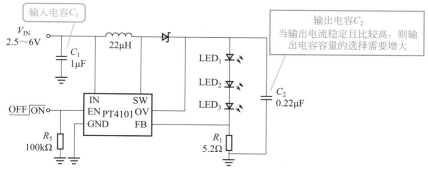

图 2-45 输入电容和输出电容电路（二）

2.2.23 电容加速电路

电容加速电路如图 2-46 所示。加速电容使正反馈过程加速，实现振荡幅度的提高，主要应用于振荡反馈电路或者脉冲电路中。

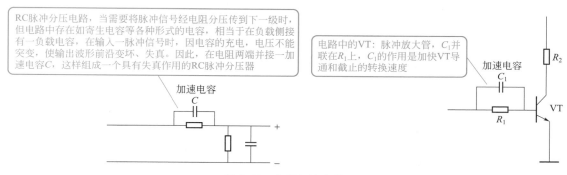

图 2-46 电容加速电路

2.2.24 电容降压限流电路

电容降压限流电路如图 2-47 所示。降压限流电容主要是对交流容抗进行的分压限流作

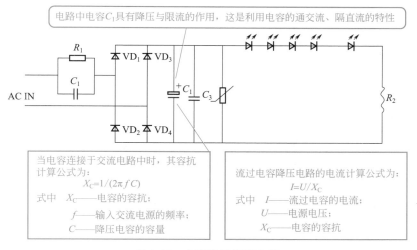

图 2-47 电容降压限流电路

用，一般应用于交流电路中，并且连接方式为串接。

2.2.25 电容反馈电路

电容反馈电路如图 2-48 所示。反馈电容主要用于放大器等电路的输出端与输入端间的信号反馈。

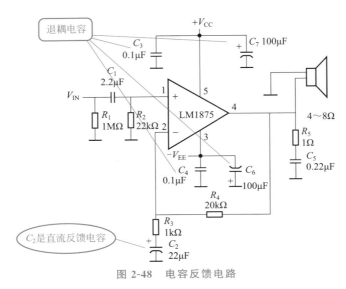

图 2-48 电容反馈电路

2.2.26 电容预加重与去加重电路

电容预加重电路如图 2-49 所示。预加重电容主要为了提升高频分量，与 R 组成的 RC 网络，主要是应用于音频电路等电路中。另外，还原高频频响预加重电路通常称为去加重电

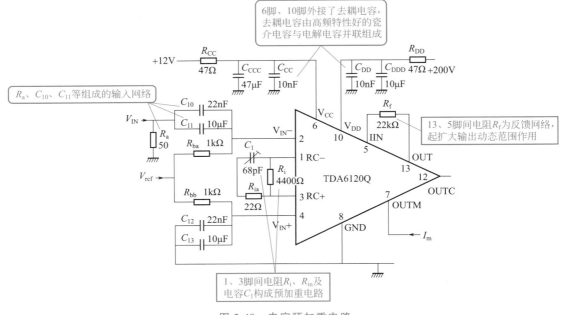

图 2-49 电容预加重电路

路，电容去加重电路如图 2-50 所示。

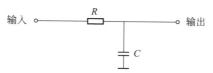

图 2-50　电容去加重电路

2.2.27　电感振荡电路

电感振荡电路如图 2-51 所示。电感的基本作用是滤波、延迟、变压、陷波、传送信号、扼流、耦合、阻流、振荡、匹配、调谐、交流负载、补偿、偏转等。

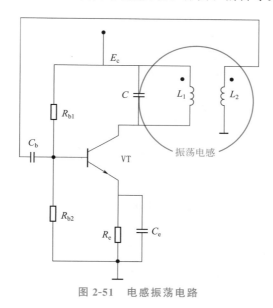

图 2-51　电感振荡电路

振荡电流是一种大小与方向都周期性变化的电流。能产生振荡电流的电路就叫作振荡电路。其中最简单的振荡电路为 LC 振荡回路。

振荡电流是一种频率很高的交变电流。其无法由线圈在磁场中转动产生，只能由振荡电路产生。正弦波振荡器中，主要有 LC 振荡电路、石英晶体振荡电路、RC 振荡电路等。

　　电感具有通直流、阻交流的作用。电路中，电感线圈对交流有限流作用，可以与电阻器或电容器组成高通或低通滤波器、移相电路、谐振电路等。

2.2.28　电感滤波电路

电感滤波电路如图 2-52 所示。滤波电路常用于滤去整流输出电压中的纹波，一般由电抗元件组成。电感滤波电路有在负载电阻两端并联电容、负载串联电感器、电容电感组成各种复式滤波电路等类型。

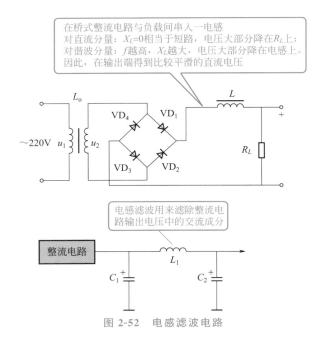

图 2-52　电感滤波电路

拓展

　　电感滤波电路是利用电感对脉动直流的反向电动势来达到滤波的作用，并且电感量越大，滤波效果越好。

2. 2. 29　电感储能电路

　　电感储能电路如图 2-53 所示。电感线圈还可以储能，它以磁的形式储存电能。一般线圈电感量越大、流过的电流越大，储存的电能也就越多。

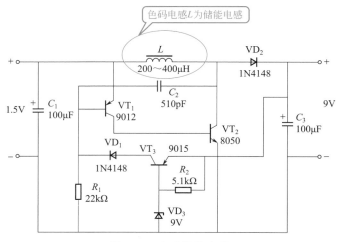

图 2-53　电感储能电路

2.2.30 三极管放大电路

三极管放大电路如图 2-54 所示。三极管处于放大状态的工作条件：发射极正偏、集电极反偏。

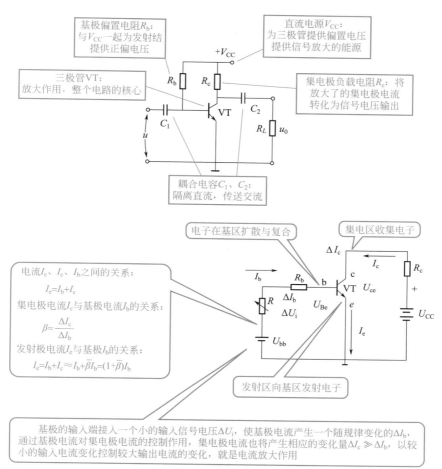

基极偏置电阻R_b：
与V_{CC}一起为发射结
提供正偏电压

直流电源V_{CC}：
为三极管提供偏置电压
提供信号放大的能源

三极管VT：
放大作用，整个电路的核心

集电极负载电阻R_c：将
放大了的集电极电流
转化为信号电压输出

耦合电容C_1、C_2：
隔离直流，传送交流

电子在基区扩散与复合

集电区收集电子

电流I_c、I_e、I_b之间的关系：
$$I_e = I_b + I_c$$
集电极电流I_c与基极电流I_b的关系：
$$\beta = \frac{\Delta I_c}{\Delta I_b}$$
发射极电流I_e与基极I_b的关系：
$$I_c = I_b + I_c \approx I_b + \bar{\beta} I_b = (1 + \bar{\beta}) I_b$$

发射区向基区发射电子

基极的输入端接入一个小的输入信号电压ΔU_i，使基极电流产生一个随规律变化的ΔI_b，通过基极电流对集电极电流的控制作用，集电极电流也将产生相应的变化量$\Delta I_c \gg \Delta I_b$，以较小的输入电流变化控制较大输出电流的变化，就是电流放大作用

图 2-54　三极管放大电路

拓展

三极管处于放大状态的三种接法如图 2-55 所示。

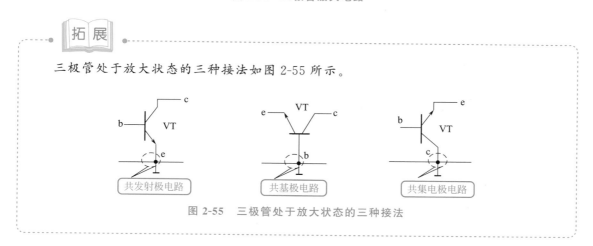

共发射极电路　　共基极电路　　共集电极电路

图 2-55　三极管处于放大状态的三种接法

2.2.31　晶体管非门电路

晶体管非门电路如图 2-56 所示。非门电路又称反相器，只有一个输入端与一个输出端，输入信号与输出信号正好反相。

该电路是由晶体管构成的非门电路。电路中的电阻 R_1、R_2 起到分压作用。该电路的工作原理是：当输入端 A 为低电平（L）时，通过电阻 R_1、R_2 的分压，使晶体管发射结反偏而截止，输出为高电平；当输入端 A 为高电平时，使 $I_b \geqslant I_{bs}$，晶体管饱和，输出为低电平（L）。结果，V_o 与 V_i 之间具有反相的关系，具有逻辑非的功能。

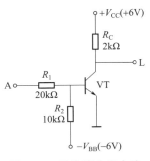

图 2-56　晶体管非门电路

拓展

三极管开关具有通和断两种状态，利用三极管交替工作在饱和区与截止区，可以实现开关具有的通与断两种状态。三极管饱和区与截止区如图 2-57 所示。

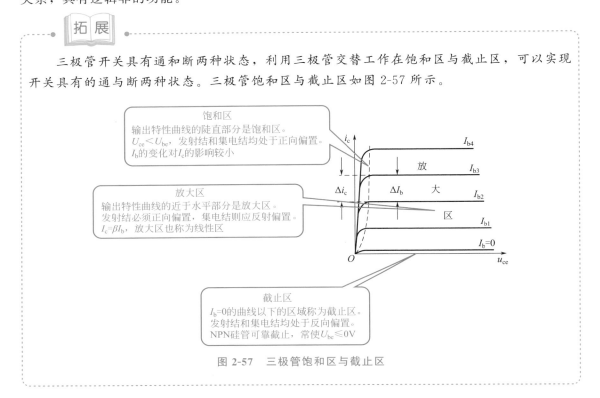

饱和区
输出特性曲线的陡直部分是饱和区。
$U_{ce} < U_{be}$，发射结和集电结均处于正向偏置。
I_b 的变化对 I_c 的影响较小

放大区
输出特性曲线的近于水平部分是放大区。
发射结必须正向偏置，集电结则应反射偏置。
$I_c = \beta I_b$，放大区也称为线性区。

截止区
$I_b = 0$ 的曲线以下的区域称为截止区。
发射结和集电结均处于反向偏置。
NPN硅管可靠截止，常使 $U_{be} \leqslant 0V$

图 2-57　三极管饱和区与截止区

2.2.32　晶闸管整流电路

晶闸管整流电路如图 2-58 所示。

识读该电路，应结合其工作波形（图 2-59）来分析。

① 电源电压 u_2 为正半周时，晶闸管 VT1、二极管 VD2 上为正向电压作用。在 t_1 时刻，控制极上加触发脉冲 u_G，使 VT1 与 VD2 导通，负载 R_L 中流过输出电流 i_o，形成输出整流电压 u_o。晶闸管 VT2 与二极管 VD1 承受反向电压为截止。在 t_2 时刻，电源电压 u_2 过零，使 VT1 与 VD2 关断。

② 当电源电压 u_2 为负半周时，VT2 与 VD1 上加正向电压。在 t_3 时刻，控制极加触发脉冲，使 VT2 与 VD1 导通，在负载 R_L 上有 i_o、u_o，直到 t_4 时刻 u_2 过零时关断。此时，

VT1 与 VD2 截止。

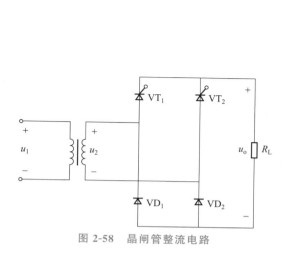

图 2-58　晶闸管整流电路

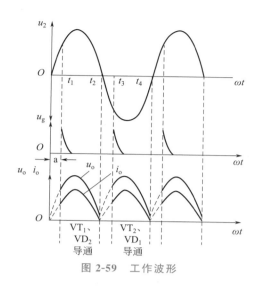

图 2-59　工作波形

2.2.33　场效应管低频放大电路

场效应管低频放大电路如图 2-60 所示。场效应管是电压控制器件，即利用栅源间电压变化来控制漏极电流的变化，其栅极基本不取电流，并且在工作时放大电路中回路要有一个偏压。它与双极三极管一样也需要一个静态工作点以及稳定静态工作点的要求。

场效应管偏置电路就是满足静态工作点的要求的电路。对于结型场效应管，有自给偏置

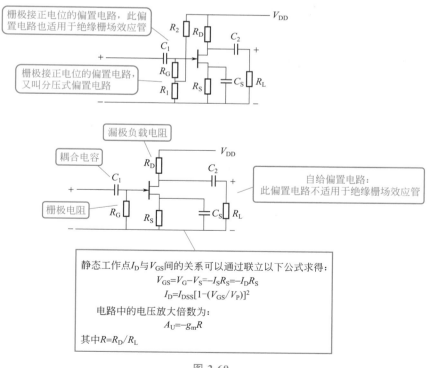

图 2-60

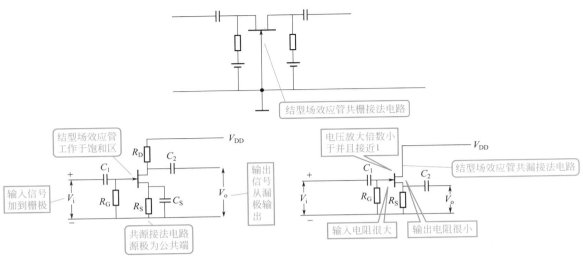

图 2-60　场效应管低频放大电路

电路与栅极接正电位的偏置电路。

场效应管可应用在混频电路、振荡电路、共源调谐放大电路、直接耦合放大电路、阻容耦合放大电路、前置放大电路等。不同种类的场效应管因内部结构与特性、参数不同，其具体应用有所差异。

2.2.34　场效应管高频放大电路

场效应管高频放大电路如图 2-61 所示。低、中频率段时，场效应管的极间电容可以忽略；工作在高频率段时，则不能不考虑，而且频率越高影响越明显。场效应管往往与调谐电

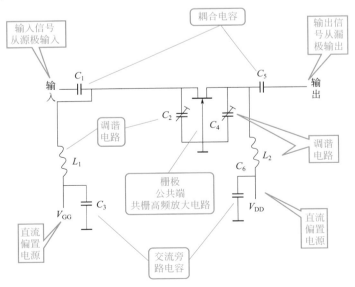

图 2-61　场效应管高频放大电路

路组合成高频放大电路，满足一定频率的需要。结型场效应管高频放大电路有共源高频放大电路、共栅高频放大电路等多种类型。

• **拓展** •

　　场效应管有两种状态：一种是导通状态，另一种是截止状态。当处于导通状态时，源漏间电阻较小，相当于开关闭合；当处于截止状态时，源漏间电阻较大，相当于开关断开。所以，场效应管应用电路也有开关电路。

2.2.35　PT4107集成电路LED驱动电路

　　PT4107集成电路LED驱动电路如图2-62所示。PT4107可以实现LED的PWM LED驱动应用。PWM LED驱动应用系统主要由输入整流滤波电路、输出整流滤波电路、PWM稳压控制电路、开关能量转换电路、LED电路组成。PT4107是高压、降压式PWM LED驱动控制器。PT4107的引脚功能如图2-63所示。PT4107的SOP-8与DIP-8引脚功能分布是一样的。PT4107可以驱动T8LED日光灯管1~30W。

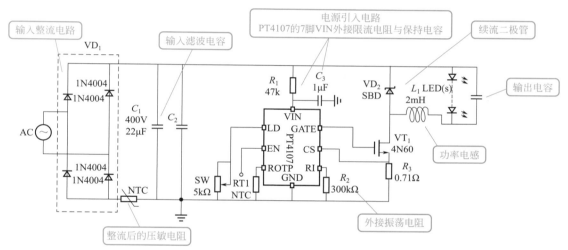

图2-62　PT4107集成电路LED驱动电路

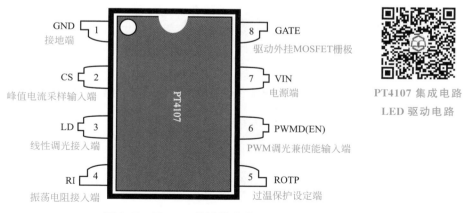

图2-63　PT4107的引脚功能

该应用电路的识读分析见表 2-12。

表 2-12　该应用电路的识读分析

元件或者电路	识读分析
输入整流电路	输入整流可以采用分离件组成的整流电路,也可以采用整流桥。输入整流桥的额定电压可以根据交流输入电压的最大值来选择,额定电流可以根据系统正常工作时的输入平均电流来选择。 　　实际应用电路,整流桥一般需要给予 1.5 系数的安全余量。整流桥参数估计参考公式如下: $$V_{整流桥}=1.5\times(\sqrt{2}\times V_{\max,ac})$$ $$I_{整流桥}=\frac{V_{o,\max}\times I_{o,\max}}{V_{\min,dc}\times\eta}$$ 　　说明:$V_{\max,ac}$ 表示为交流输入电压的最大值。 　　该应用电路采用了 4 只 1N4004 整流二极管组成桥式整流电路。检修代换时,则直接选择 1N4004
整流后的压敏电阻	压敏电阻可以限制输入冲击电流的影响。压敏电阻参数主要根据输入电压、冲击电流来选择。该应用电路压敏电阻的额定电阻的选择可以根据下面公式参考估算: $$R_{压敏电阻}=\frac{V_{整流桥}}{5\times I_{整流桥}}$$ 　　说明:压敏电阻的采用,对其前端的整流桥的选择更需要选择高额定级的整流桥器件。 　　检修代换时,可以根据该应用电路采用的型号来进行代换
输入滤波电容	输入滤波电容一般是 AC/DC 转换后进入 PT4107 为核心的周边电路前端。输入滤波电容的选择受到整流、输入电压的影响。有采用单输入滤波电容的电路,也有采用双输入滤波电容的电路。 　　输入滤波电容还受到开关频率的影响,开关频率越高,一般而言选择输入滤波电容的体积更小。输入滤波电容还要注意其充放电的过程中能够保证后端电路需要的工作能量。总之,输入滤波电容用来保持输入电压的稳定性、平滑性。 　　输入滤波电容参数参考选择: 　　容量:根据 $C\geqslant(3\sim5)\dfrac{T}{2R_L}$ 来选择。其中,R_L 为负载、T 为周期、C 容量单位为 F。 　　电容耐压:根据 $U_C\geqslant(1.5\sim2)U_2$ 来选择。其中,U_2 为整流变压器次级电压,即整流器输入端电压。电容耐压 U_C 单位为 V。 　　输入滤波电容也可以采用电解电容＋高频电容。鉴于电解电容不能够吸收高频纹波,因此有的应用电路会采用一个高频电容并联,实现高频纹波的吸收。 　　该类应用电路高频电容容量参考选择如下: $$C_{高频电容}=\frac{I_{o,\max}\times0.25}{f_s(0.05\times V_{\min,dc})}$$ 　　式中　$I_{o,\max}$——电路输出到 LED 的最大电流; 　　　　　$V_{\min,dc}$——整流输出的最小电压; 　　　　　f_s——振荡频率。 　　该类应用电路电容的耐压值的选择必须大于输入的峰值电压。 　　该类应用电路采用了 C_1、C_2 双输入滤波电容,检修代换时,可以根据该应用电路采用的型号来进行代换
电源引入电路	PT4107 的 7 脚 VIN 外接限流电阻与保持电容。限流电阻的选择需要根据 PT4107 芯片的工作电流与芯片驱动的 MOS 管所需的电流之和来选择。PT4107 的 7 脚输入最大电流是 10mA。 　　该类应用电路该位置的保持电容有时也称为输入电容,它可以选择电解电容。输入电容在功率管导通的时候提供脉冲电流,功率管截止的时候电源对电容充电,从而保持输入电压的稳定性。输入电容一般是尽可能离电源输入脚近一些放置。 　　有的 LED 驱动集成电路的电源端会采用稳压二极管形式。该应用中的稳压二极管稳压值的选择要确保能驱动 LED 芯片外的场效应晶体管,并且其电压大小要符合 LED 驱动集成电路电源端的要求。 　　检修代换时,可以根据该应用电路限流电阻与保持电容的型号来进行代换

元件或者电路	识读分析
外接振荡电阻	AC 220V 的交流输入时,有的电路考虑了 50kHz 的振荡频率。PT4107 的 4 脚外接振荡电阻可以根据下列公式参考估算: $$R = \frac{25000}{f}(\text{k}\Omega)$$ 说明:f 为振荡频率。 PT4107 的 4 脚外接振荡电阻可以根据以下来参考选择: $R = 1.2\text{M}\Omega, f_{\text{osc}} = 20 \sim 30\text{kHz}$。 $R = 300\text{k}\Omega, f_{\text{osc}} = 80 \sim 100\text{kHz}$。 检修代换时,可以根据该应用电路外接振荡电阻的参数来进行代换

功率电感	电感的大小对 LED 中的脉动电流影响大,一般允许 $-10\% \sim +10\%$ 的脉动范围,过大会影响 LED 的使用寿命。
	功率电感的选择:一般需要选择高 Q 值、大饱和电流、小电阻的功率电感。所选电感的额定有效值电流必须高于最大负载电流。选择电感时需要注意:如果一个低频的开关信号作用于普通电感上,可能会使电感中的线圈间相互产生机械振动,如果频率落在 20kHz 以下低频段,可能会发出噪声。功率电感可以根据饱和电流是正常工作电流(即系统输出的平均电流)的 2 倍来选择。
	电感上的电流是三角波,其平均值等于负载电流,其峰值等于输出电流加二分之一的电感电流纹波峰-峰值。
	PT4107 的典型应用电路功率电感的电感值参考估计:
	$$\text{电感值 } L \geq 10^{-6} \times (V_{\text{IN}} - V_{\text{LED}})/(0.5 \times I_{\text{LED}})$$
	式中 L——电感值,H;
	      V_{IN}——输入电压,V;
	      V_{LED}——LED 的正向电压降,V;
	      I_{LED}——LED 的平均电流,A。
	电感的选择不同会影响转换效率、输出的纹波等。如果电感选择过小,会造成电感上的电流纹波过大,从而造成通过肖特基二极管、芯片中的功率管的最大电流过大。因此,在电流特别大时,在功率管上的功率损耗会很大,导致整个 DC-DC 电路的转换效率降低。一般而言,不考虑效率的前提下,小电感可以带动的负载能力强于大电感带动的负载能力。但是在相同负载条件下,大电感的电流纹波与最大电流值要小,所以大电感可以使得电路在更低的输入电压下启动。
	另外,电感的选择注意电感电流的有效电流需要大于最大输出电流,饱和电流要比最大输出电流大 30%,为了提高效率,电感的串联电阻要小。
	检修代换时,可以根据该应用电路功率电感的参数来进行代换

续流二极管	续流二极管一般要选择快恢复二极管,其电流参数可以选择为 LED 光源负载电流的 $1.5 \sim 2$ 倍,二极管反向耐压必须大于输入电压。 续流二极管的选择还要考虑正向导通压降(决定导通损耗)、二极管电容(决定开关损耗)等。 肖特基二极管正向导通压降小,反向续流时间短,可以用于续流二极管。 肖特基二极管的额定电流值越高,其正向导通压降越小,电容值越大。 非同步的降压型调节器,一般需要采用二极管在功率管截止的状态下提供续流。如果选择普通二极管也能够使得 DC-DC 电路工作正常,但是会降低 $5\% \sim 10\%$ 的效率。 检修代换时,可以根据该应用电路续流二极管的型号来进行代换
MOSFET 管	MOSFET 管的选择:$R_{\text{DS(ON)}}$ 小的、耐压高(漏-源承受的最高电压)的管子。另外,还要考虑开启电压。 MOSFET 管的峰值电压等于最大的输入电压,选择时,需要留有安全余量,MOSFET 管的耐压可以选择 2.5 倍交流输入最大电压值。 MOSFET 管的额定电流可以这样选择:$3 \times$ 最大输出电流 $\times \sqrt{\text{最大占空比}}$ 有的 PWM 控制 LED 驱动集成电路内置了功率开关管,不需要外接功率管。 检修代换时,可以根据该应用电路 MOSFET 管的型号来进行代换

元件或者电路	识读分析
电流采样电阻	电流采样电阻一般采用小阻值的、低温度系数的、高精度的电阻,实现对 LED 的电流进行采样,再通过反馈形成闭路调节,达到驱动 LED 恒流的目的。 一般反馈电压越低效率越高。因此,LED 驱动电路一般会尽量减小采样电路的损耗。 电流采样电阻可以采用单只电阻,也可以采用多只电阻结构。多只电阻结构可以减小电阻精度和温度对输出电流的影响。 电流采样电阻一定要选择高精度的电阻,例如千分之一精度的。电流采样电阻的阻值可以根据整个电路的 LED 光源负载电流来参考计算: $$R_{采样} = \dfrac{0.275}{I_{LED}}$$ 电流采样电阻的功率可以根据电流采样电阻的阻值来参考选择: $$P_{采样} = I_{LED}^2 R_{采样}$$ 电源参考电压与电流检测电阻值决定了 LED 电流。在驱动多个 LED 时,只需把它们串联就可以在每个 LED 中实现恒定电流。如果驱动并联 LED 需要在每个 LED 串中放置一个镇流电阻,当然,这样效率会降低、电流会失配。 有的 LED 驱动集成电路的 LED 电流是通过检测高压端电流检测电阻、电流映射后形成对地的电压信号,该电压信号的高低即可表示 LED 电流的大小。然后把该电压信号送到 LED 驱动集成电路的电流检测端对 LED 电流进行调制控制。 如果没有输出电流调节端,有的电路会通过调节采样电阻来实现输出电流大小的调节。 检修代换时,可以根据该应用电路电流采样电阻的参数来进行代换
热敏电阻	热敏电阻可以根据系统的温度保护点来选择。该集成电路将电流经过热敏电阻形成的压降作为保护点。 检修代换时,可以根据该应用电路热敏电阻的型号、参数来进行代换
输出电容	LED 两端并联一个输出电容可以减小输出电压纹波,也就可以减小 LED 的纹波电流,并且输出电容越大,LED 上的电流纹波越小。 输出电容可以减小 LED 上电压上升的速率,会增加启动时间。为了减小输出的纹波,需要选择电容值比较大的输出电容。但是,如果输出电容过大,则会使系统反应时间过慢。如果负载较小,可以使用较小的输出电容。可以选择陶瓷电容作为驱动器的输出电容。但是,由于陶瓷电容具有压电特性,因此,当一个低频电压纹波信号作用于输出电容,电容可能会发出"吱吱"的蜂鸣声。输出电容也可以选择 ESR 低的钽电容或者多个电容并联使用。 检修代换时,可以根据该应用电路输出电容的种类、参数来进行代换

 拓展

　　贴片电阻可以在应用电路中作为采样电阻,判断应用电路中的电阻是采样电阻的方法与要点如下:

　　① 特点法　采样电阻的阻值一般要求比较小,一般为 1Ω 以下,这样才能够使该功能电阻不会影响原电路中的电流大小,从而保证采样的精准。采样电阻有时也叫作电流检测电阻、电流感测电阻、合金取样电阻等。

　　② 功能法　设计安放在需要采样电流的位置,通过测量电阻两端的电压值来反馈,进而确定电路中的电流大小的功能电阻,就是采样电阻。

2.2.36　BL8508 升压类 LED 驱动集成电路应用电路

BL8508 升压类 LED 驱动集成电路应用电路如图 2-64 所示。BL8508 就是 SOT23-5 封装升压恒流驱动白光 LED 驱动集成电路。该集成电路也内置了开关管。实际应用电路中，SW 开关端到外接的电感、肖特基二极管的正端的距离很近。FB 电流检测反馈端外接的 LED 负端、电阻与该引脚的引线长度要求尽量短。因此，检修时，查找这些元件根据该思路进行即可。

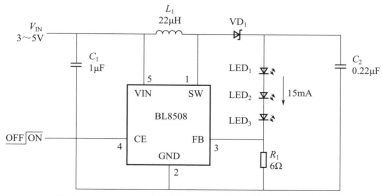

图 2-64　BL8508 升压类 LED 驱动集成电路应用电路

该应用电路比较简单，涉及的外围元件也是 LED 驱动集成电路常见的元件，具体可以参考本书相关章节。识读该应用电路时，重点把握 BL8508 一些引脚功能的特点（表 2-13）。

表 2-13　BL8508 一些引脚功能

引脚符号	引脚功能	解　说
CE 或者 EN	芯片使能端	该引脚高电平有效，低电平停止。在输入电压为 3V 时，该脚的外加电压大于 1.5V 时，集成电路工作；该脚的外加电压小于 0.8V 时，芯片进入待机状态。不使用时，可以将该端连接到输入电源引脚即可自动启动。该引脚不可以浮空不用。 如果在该端加入 PWM 信号，则可以实现 PWM 信号对 LED 亮度的控制
FB	电流检测反馈端，该引脚接 LED 负端与反馈电阻	该引脚外接电路，也可以实现对 LED 亮度的 PWM 信号控制或者可变 DC 电压控制
SW	为内置 NMOSFET 的漏极端	应用电路中接功率电感以及肖特基二极管的正端、输出整流器的连接端
VIN	电源端	注意最高、最低工作输入电压以及必需的局部旁路

另外，本应用电路中的恒流 LED 驱动器采用了简单的过压保护方法：采用齐纳二极管与 LED 并联，利用将输出电压限制到齐纳击穿电压与电源的参考电压来实现过压保护。

LED 驱动集成电路常见引脚功能见表 2-14。

表 2-14　LED 驱动集成电路常见引脚功能

引脚符号	引脚功能	引脚符号	引脚功能
a、b、dp、…	段输出驱动端	LD	线性输入调光端
ADJ	逻辑调光输入端	LED	LED 连接端
BF	LED 闪烁周期控制输入端	LN	峰值阈值的线电压补偿端
BS	自举端	LX	开关输出。LX 是内部 NMOSFET 的漏端、开关引脚端
CE	芯片开关端、使能端		
CKI	时钟信号输入端	MODE	工作模式选择输入端
CKO	时钟讯号输出端	NC	没有连接端、悬空端、空端
CLK	时钟输入端	OEN	段输出允许信号端
COMP	补偿端	OSC	振荡端
CS	LED 电流检测输入端	OUT	内部功率开关的漏端
CSN	电流检测负端	OV	过压保护端
CSP	电流检测正端	POL	PWM 输出电流极性选择端
DAI	串行数据输入端	PWM	PWM 输入调光端，兼作使能端
DAO	串行数据输出端	R	开机自清零信端
DIM	辉度控制端、开关使能端、模拟和 PWM 调光端	R(G,B)OUT	沉入式电流输出端
		R(G,B)REXT	外挂电阻端
DIN	数据输入端	ROSC	振荡电阻接入端
DOUT	数据输出端	RT	设定芯片工作关断时间端
DRV	栅极驱动输出端	S1…	位扫描驱动信号端
EN	芯片使能端	SCP	串行移位脉冲端
Exposed PAD	散热端	SDO	串行输出数据触发模式选择端
FB	电流感应输入端、反馈电压端	Seg/KS	输出(段)端
G	地端	SI	串行输入数据端
GATE	驱动外部 MOSFET 栅极端	SO	串行移位寄存器数据输出端
GND	接地端	STB	片选端
GP	功率地端	STDN	芯片待机控制端
Grid	输出(位)端	STI	串行输入数据锁存端
Ibias	FB 输入偏置电流端	STO	锁存信号输出端
IFB	电流反馈端	SW	功率输出端、开关输出端、电源开关输出端、功率输出端
IMAX	最大电感电流比较器输入端		
IMIN	最小电感电流比较器输入端	TOFF	关断时间设置端
IN	输入电源引脚端	VCC	电源端、电源正极输入端、电源输入端、逻辑电源端
ISET	LED 电流设置端		
ISNS	电流检测输入端	VDRIVE	输出驱动电压端
K1…	按键扫描数据输入端	VIN	输入电压端、电源输入端
LCP	移位寄存器的数据锁存到段数据寄存器端	VOUT	输出 LED 电流流入端、输出电压监测端、内部电路供电引脚端
		VSS	电源地、逻辑地、芯片地

2.2.37 PT4101 升压恒流驱动 LED 集成电路应用电路

PT4101 升压恒流驱动 LED 集成电路应用电路如图 2-65 所示。PT4101 升压恒流驱动 LED 集成电路具有 OV 过压保护端,通过测量输出电压来实现开路保护。

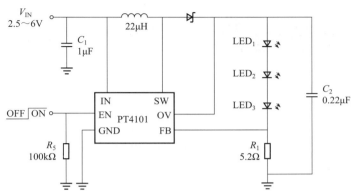

图 2-65　PT4101 升压恒流驱动 LED 集成电路应用电路

该应用电路中一些元件的特点分析见表 2-15。

表 2-15　该应用电路中一些元件的特点分析

名称	特点分析
C_1 输入电容	C_1 输入电容,一般而言可以选择贴片电容、陶瓷电容,例如选择 X5R、X7R 电容。不同电路中有差异。 检修代换时,可以根据该应用电路 C_1 输入电容的种类、参数来进行代换
C_2 输出电容	C_2 输出电容,一般而言可以选择贴片电容、陶瓷电容,例如选择 X5R、X7R 电容。当输出电流稳定较高时,则输出电容容量的选择需要增大。 检修代换时,可以根据该应用电路 C_2 输出电容的种类、参数来进行代换
L_1 电感	L_1 电感值对最大输出电流、效率有很大的影响,对电感 L_1 的选择需要考虑尺寸、转换效率、自身损耗、串联电阻值(DCR)、寄生参数等。 检修代换时,可以根据该应用电路 L_1 电感的参数来进行代换
R_1 反馈电阻	LED 电流可以通过反馈电阻 R_1 来调节。LED 电流=FB 端的反馈电压(恒定值)$/R_1$。 检修代换时,可以根据该应用电路 R_1 反馈电阻的种类、参数来进行代换

第 **3** 章

电子电路的安装与检修

3.1 安装检修的基础与常识

3.1.1 电阻阻值的识读

常见电阻阻值的表示有直接标注法与文字符号法。电阻直接标注法就是用数字与字符、偏差直接标在电阻体上，没有标偏差的一般默认为±20％。

文字符号法就是用数字与文字、偏差根据一定规则标在电阻体上。因此，要想读懂其阻值，则需要掌握该规则的特点——单位、允许偏差、温度系数等的代表含义。

一般文字符号前面的数字表示整数阻值，后面的数字依次表示第一位小数阻值、第二位小数阻值。允许偏差与表示符号对照见表3-1。文字符号与表示单位的对照见表3-2。

表 3-1　允许偏差的表示符号对照

符号	允许偏差/%	符号	允许偏差/%	符号	允许偏差/%
Y	±0.001	X	±0.002	E	±0.005
L	±0.01	P	±0.02	W	±0.05
B	±0.1	C	±0.25	D	±0.5
F	±1	G	±2	J	±5
K	±10	M(可省略)	±20	N	±30

表 3-2　文字符号与表示单位的对照

文字符号	R	K	M	G	T
表示单位	欧姆(Ω)	千欧姆($10^3\Omega$)	兆欧姆($10^6\Omega$)	千兆欧姆($10^9\Omega$)	兆兆欧姆($10^{12}\Omega$)

拓 展

常见电阻阻值的表示识读如图3-1所示。

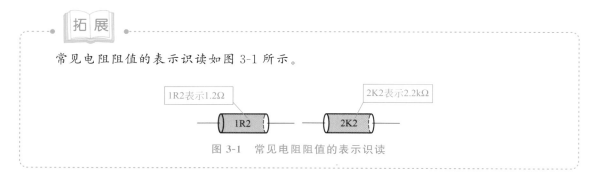

图 3-1　常见电阻阻值的表示识读

3.1.2 色环电阻的识读

色环电阻就是用不同的颜色圆环根据一定规律表示其电阻数值大小的电阻。色环电阻有四环、五环等几种类型。四环表示的称为四环电阻，五环表示的称为五环电阻。

五环电阻与四环电阻的表示规律见表 3-3。

表 3-3 五环电阻与四环电阻的表示规律

五环电阻				
第一环	第二环	第三环	第四环	第五环
第一位有效数字	第二位有效数字	第三位有效数字	倍率	电阻数值偏差

四环电阻			
第一环	第二环	第三环	第四环
第一位有效数字	第二位有效数字	倍率	电阻数值偏差

色环电阻各色环的具体表示意义如图 3-2 所示。

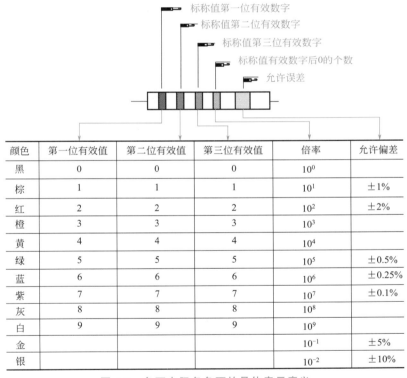

颜色	第一位有效值	第二位有效值	第三位有效值	倍率	允许偏差
黑	0	0	0	10^0	
棕	1	1	1	10^1	±1%
红	2	2	2	10^2	±2%
橙	3	3	3	10^3	
黄	4	4	4	10^4	
绿	5	5	5	10^5	±0.5%
蓝	6	6	6	10^6	±0.25%
紫	7	7	7	10^7	±0.1%
灰	8	8	8	10^8	
白	9	9	9	10^9	
金				10^{-1}	±5%
银				10^{-2}	±10%

图 3-2 色环电阻各色环的具体表示意义

 小结

色环电阻的色环对照关系口诀如下：
棕一红二橙是三，四黄五绿六为蓝，
七紫八灰九对白，黑是零，金五银十表误差。

3.1.3　片状电阻的识读

3 位数字表示的片状电阻，其识读规律：前 1、2 位表示有效数字，后第 3 位表示倍乘数。此处的倍乘数可以理解为前 1、2 位表示有效数字后面的 0 的个数。例如：103 表示 10000Ω。

当 $<10\Omega$，则标注上有 R，R 则可以看作小数点。例如：4R7 表示 4.7Ω。

3.1.4　电容直接标注法的识读

电容直接标注法就是在电容壳体上直接标注电容的容量以及偏差。电容偏差具有 00、0、Ⅰ、Ⅱ、Ⅲ 5 级，分别用来表示 $\pm1\%$、$\pm2\%$、$\pm5\%$、$\pm10\%$、$\pm20\%$。如果没有标注偏差，则偏差为 $\pm20\%$。电容直接标注法的识读见表 3-4。

表 3-4　电容直接标注法的识读

类型	识读
数字＋单位型	单位：法拉，简称法，用 F 表示。毫法用 mF 表示，微法用 μF 表示，纳法用 nF 表示，皮法用 pF 表示。它们间的转换关系为：$1F=10^3mF=10^6\mu F=10^9nF=10^{12}pF$。 但是，要注意在实际的一些应用中 "F" 常去掉，例如 10nF 标注为 10n，$100\mu F$ 标注为 100μ 等
数字前加 R	数字前加 R 用来表示零点几微法的电容。例如，电容标注为 R22 就是 $0.22\mu F$ 的电容
用单位代替小数点，用 "－" 表示 V	电容的单位 "m" "μ" "n" "p" 既表示单位，又表示小数点。电容的耐压用 "－" 表示 V
用数字直接标注电容的容量	(1)不带小数点的整数的标注，单位为 pF，例如电容标注为 51，则该电容为 51pF。 (2)带小数点的数标注，单位为 μF，例如电容标注为 0.01，则该电容容量为 $0.01\mu F$

　　电容文字符号法——该容量表示方法整数部分一般写在容量单位标志符号的前面，小数部分写在容量单位标志符号的后面。例如：p33 表示为 0.33pF；6n8 表示为 6.8nF。

3.1.5　电容三位数字间接标注法的识读

三位数字间接标注法就是用三位数字来表示电容容量。其中的第一、第二位为基数，第三位为倍率，单位为 pF，电容后面常用字母表示误差。例如 104 表示为 100000pF。当倍数为 10^0 时，电容单位为 "μF"。

三位数字间接标注法的电容值＝基数×倍率，对应关系见表 3-5。

表 3-5　三位数字间接标注法的电容值

数字标注	基数与倍数									
	0	1	2	3	4	5	6	7	8	9
第一位数(基数)	0	1	2	3	4	5	6	7	8	9
第二位数(基数)	0	1	2	3	4	5	6	7	8	9
第三位数(倍数)	10^0	10^1	10^2	10^3	10^4	10^5	10^6	10^7	10^8	10^9

误差								
后缀字母标注 （表示误差）	G	J	K	M	N	P	S	Z
对应表示误差	±2%	±5%	±10%	±20%	±30%	0～ 100%	−20%～ 50%	−20%～80%

第三位数字为 9 时，表示有效数字乘上 10 的 −1 次方。例如一电容标注为 "103M"，则表示为：$10×10^3＝10000pF$，M 对应表示为 ±20%。

注意：一些情况下，国外的三位数字标注法与我国的直接标注法容易混淆。例如国内的 470μF 标注为 470；国外标注法 470 是 47pF。

3.1.6　电感标注的识读

电感的标注有直标法、色环法、无标法、文字符号法等类型，具体如图 3-3 所示。

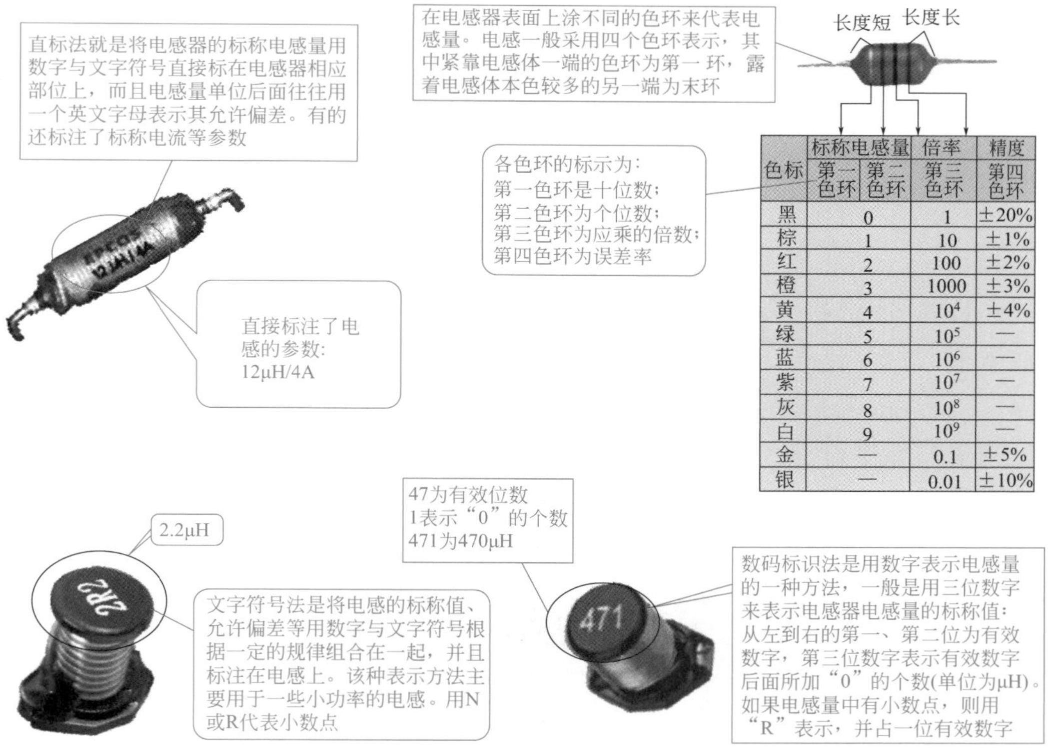

直标法就是将电感器的标称电感量用数字与文字符号直接标在电感器相应部位上，而且电感量单位后面往往用一个英文字母表示其允许偏差。有的还标注了标称电流等参数

直接标注了电感的参数：
12μH/4A

在电感器表面上涂不同的色环来代表电感量。电感一般采用四个色环表示，其中紧靠电感体一端的色环为第一环，露着电感体本色较多的另一端为末环

长度短　长度长

各色环的标示为：
第一色环是十位数；
第二色环是个位数；
第三色环为应乘的倍数；
第四色环为误差率

色标	标称电感量		倍率	精度
	第一 色环	第二 色环	第三 色环	第四 色环
黑	0		1	±20%
棕	1		10	±1%
红	2		100	±2%
橙	3		1000	±3%
黄	4		10^4	±4%
绿	5		10^5	—
蓝	6		10^6	—
紫	7		10^7	—
灰	8		10^8	—
白	9		10^9	—
金	—		0.1	±5%
银	—		0.01	±10%

2.2μH

文字符号法是将电感的标称值、允许偏差等用数字与文字符号根据一定的规律组合在一起，并且标注在电感上。该种表示方法主要用于一些小功率的电感。用N或R代表小数点

47为有效位数
1表示 "0" 的个数
471为470μH

数码标识法是用数字表示电感量的一种方法，一般是用三位数字来表示电感器电感量的标称值：从左到右的第一、第二位为有效数字，第三位数字表示有效数字后面所加 "0" 的个数（单位为μH）。如果电感量中有小数点，则用 "R" 表示，并占一位有效数字

图 3-3　电感标注的识读

3.1.7　国产三极管的识读

国产三极管的命名规则见表 3-6。

表 3-6　国产三极管的命名规则

第一部分	第二部分	第三部分表示功能	第四部分序号	第五部分规格的区别代号
3 表示为三极管	表示器件的材料和结构 A:PNP 型锗材料 B:NPN 型锗材料 C:PNP 型硅材料 D:NPN 型硅材料 E:化合物材料	A:高频大功率管 D:低频大功率管 G:高频小功率管 K:开关管 U:光电管 X:低频小功率管	一般用数字表示	一般用汉语拼音字母表示

　　例如，型号为 3AX81 就是国产序号为 81 号的低频小功率 PNP 锗材料三极管。3DG20A 中：3 表示三极管，D 表示 NPN 型硅材料；G 表示高频小功率管；20 表示序号；A 表示规格号。

3.1.8　日本半导体器件型号的识读

　　日本半导体器件型号命名规则见表 3-7。

表 3-7　日本半导体器件型号命名规则

第一部分用数字表示类型或有效电极数	第二部分 S 表示日本电子工业协会（EIAJ）的注册产品	第三部分用字母表示器件的极性及类型	第四部分用数字表示在日本电子工业协会登记的顺序号	第五部分用字母表示原来型号的改进产品
2	S	A:PNP 型高频管 B:PNP 型低频管 C:NPN 型高频管 D:NPN 型低频管	四位以上的数字（从 11 开始，表示在日本电子工业协会注册登记的顺序号，不同公司性能相同的器件可以使用同一顺序号，其数字越大越是近期产品）	A、B、C、D、E、F

　　从实物型号标注来看，2S 在具体标注时常省略。这就是日本有些半导体分立器件的外壳上标记的型号，常采用简化标记的方法。

　　但是，也要注意其他型号的前面也有省略的现象。例如，"C5023" 可能是 KSC5023，也可能是 2SC5023。

　　常见三极管外形及引脚位置如图 3-4 所示。

　　如果三极管三引脚宽度、大小不同，则集电极的引脚一般是宽度大、粗的那一只引脚。另外，带散热片的三极管，则与散热片相连的一般为集电极。

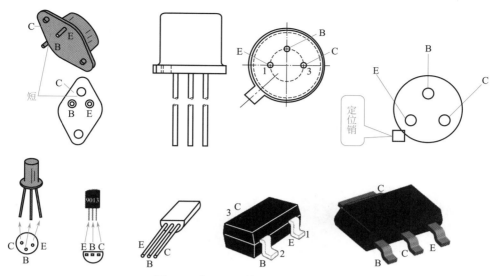

图 3-4　常见三极管外形及引脚位置

3.1.9　国产晶闸管型号的识读

国产晶闸管的型号命名规律见表 3-8。

表 3-8　国产晶闸管的型号命名规律

第一部分： 主称	第二部分： 类别	第三部分： 额定通态电流 （数字表示）		第四部分：重复 峰值耐压等级 （数字表示）		通态平均电压 组别（用字 母表示）
K:晶闸管	P:普通反向阻断型	1	1A	1	100V	A～I 表示 0.4～ 12V。$I_{T(AV)}$ 小于 100A 不标
		5	5A	2	200V	
		10	10A	3	300V	
		20	20A	4	400V	
	K:快速反向阻断型	30	30A	5	500V	
		50	50A	6	600V	
		100	100A	7	700V	
		200	200A	8	800V	
	S:双向型	300	300A	9	900V	
		400	400A	10	1000V	
				12	1200V	
	G:可关断类型	500	500A	14	1400V	
	N:逆导类型					

3.1.10　国外晶闸管型号的识读

国外晶闸管型号比较多，不同厂家晶闸管型号命名规律不同。例如，EUPEC 晶闸管命名方法如图 3-5 所示。ST 公司的 BAT26-600B 型号识读如图 3-6 所示。

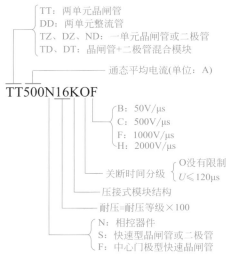

图 3-5　EUPEC 晶闸管命名方法

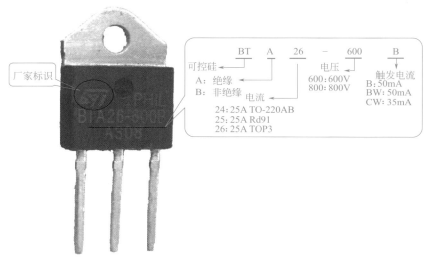

图 3-6　ST 公司的 BAT26-600B 型号识读

3.2　元器件的安装与焊接

3.2.1　元器件的引脚定形与切断

元器件的引脚定形就是把元件的引脚进行一定的弯制，以便合理科学地安装元器件。元器件引脚定形的要求如图 3-7 所示。

一些电阻、电容、电感的引脚定形方法与技巧如图 3-8 所示。

一些二极管引脚的定形方法与技巧如图 3-9 所示。

一些三极管引脚的定形方法与技巧如图 3-10 所示。

如果引脚上有焊点，则在焊点和元器件间不准有弯曲点，焊点到弯曲点间应保持2mm以上的间距

元器件引脚定形后，元器件本身不能受伤，不可以出现压痕、裂纹

引脚定形的要求

引脚定形后，引脚直径的减小或变形不可以超过原来的10%

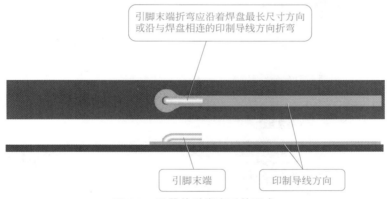

元器件标识外露。元器件标识朝向范围示意

45°   45°

元器件必须按照焊盘间距进行弯曲定形，弯曲基本对称，保证元器件安装后标识可见，特殊情况下，标识外露的优先顺序为极性、数值、型号

不能在引脚较厚的方向弯曲。
引脚弯曲一次定形，不能反复弯曲。
弯曲引脚的角度不能超过最终定形的弯曲角度。
继电器、电连接器等元器件淬火引脚不能弯曲定形。
元器件引脚定形中，对有极性元器件，注意引脚极性与定形方向间的关系，勿弄反方向

引脚末端折弯应沿着焊盘最长尺寸方向或沿与焊盘相连的印制导线方向折弯

引脚末端   印制导线方向

图 3-7　元器件引脚定形的要求

📖 **拓展**

　　一般而言，三极管等元件安装时与线路板一般留 3～6mm 的距离，以免散热不良等造成性能下降或者损坏元器件。三极管引脚引线弯折点与引脚根部间要保持一定的距离 D。当引线弯折为直角时，D 一般大于或者等于 3mm；当引线弯折角小于 $90°$ 时，D 一般大于或者等于 1.5mm。

　　对于粗细不均的引脚不要在引线较厚的方向弯折，以免折断。夹具与三极管引线的接触面要平滑，以免损伤三极管引脚引线的镀层。

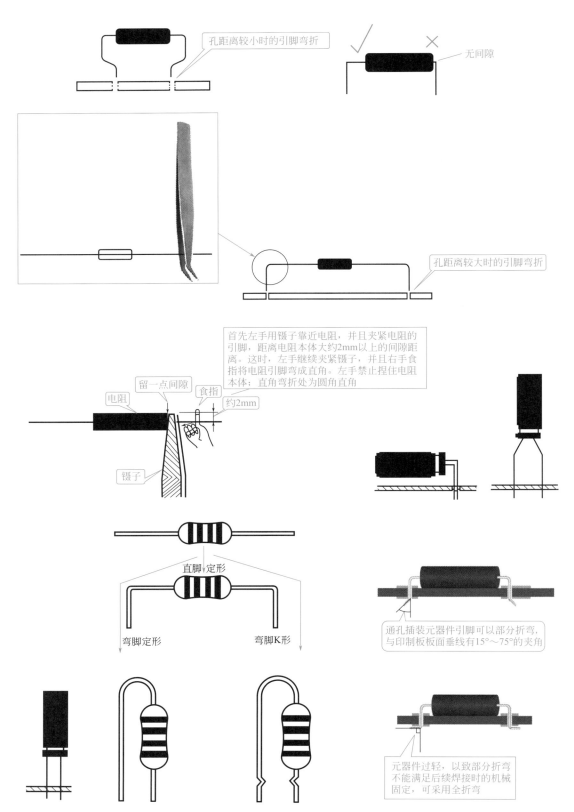

孔距离较小时的引脚弯折

无间隙

孔距离较大时的引脚弯折

首先左手用镊子靠近电阻，并且夹紧电阻的引脚，距离电阻本体大约2mm以上的间隙距离。这时，左手继续夹紧镊子，并且右手食指将电阻引脚弯成直角。左手禁止捏住电阻本体；直角弯折处为圆角直角

电阻

留一点间隙

食指

约2mm

镊子

直脚定形

弯脚定形

弯脚K形

通孔插装元器件引脚可以部分折弯，与印制板板面垂线有15°～75°的夹角

元器件过轻，以致部分折弯不能满足后续焊接时的机械固定，可采用全折弯

图 3-8　一些电阻、电容、电感的引脚定形方法与技巧

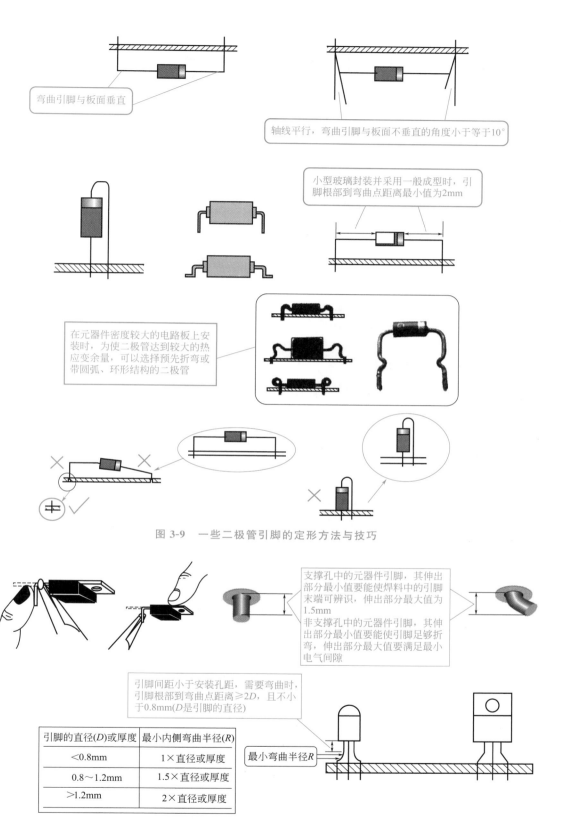

弯曲引脚与板面垂直

轴线平行，弯曲引脚与板面不垂直的角度小于等于10°

小型玻璃封装并采用一般成型时，引脚根部到弯曲点距离最小值为2mm

在元器件密度较大的电路板上安装时，为使二极管达到较大的热应变余量，可以选择预先折弯或带圆弧、环形结构的二极管

图 3-9　一些二极管引脚的定形方法与技巧

支撑孔中的元器件引脚，其伸出部分最小值要能使焊料中的引脚末端可辨识，伸出部分最大值为1.5mm
非支撑孔中的元器件引脚，其伸出部分最小值要能使引脚足够折弯，伸出部分最大值要满足最小电气间隙

引脚间距小于安装孔距，需要弯曲时，引脚根部到弯曲点距离≥2D，且不小于0.8mm(D是引脚的直径)

最小弯曲半径R

引脚的直径(D)或厚度	最小内侧弯曲半径(R)
<0.8mm	1×直径或厚度
0.8～1.2mm	1.5×直径或厚度
>1.2mm	2×直径或厚度

图 3-10

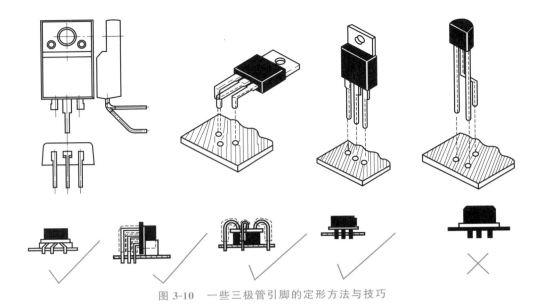

图 3-10　一些三极管引脚的定形方法与技巧

3.2.2　元器件的引脚焊接

　　焊接元器件引脚的电烙铁握法的类型如图 3-11 所示。实际中，应根据需要选择相应的电烙铁头，如图 3-12 所示。

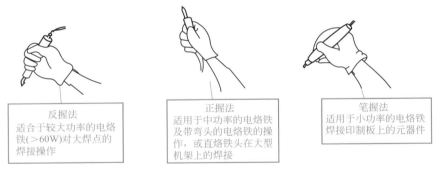

反握法
适合于较大功率的电烙铁(>60W)对大焊点的焊接操作

正握法
适用于中功率的电烙铁及带弯头的电烙铁的操作，或直烙铁头在大型机架上的焊接

笔握法
适用于小功率的电烙铁焊接印制板上的元器件

图 3-11　焊接元器件引脚的电烙铁握法的类型

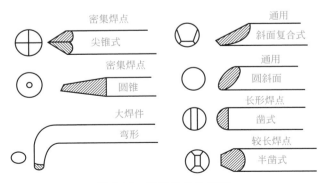

图 3-12　电烙铁头的类型

电烙铁放置的注意事项如下。

① 焊接前，需要检查元器件插放是否正确、整齐，极性是否正确，读数方向是否一致等情况。

② 使用电烙铁时，禁止烙铁头碰触电线、书等相关物品。

③ 禁止工作中使用电烙铁作指挥棒。

④ 电烙铁架上的海绵要事先加水。

⑤ 电烙铁在通电使用前必须检查电线是否完好，并且不要把电源线缠在手上。

⑥ 焊接前，一般要注意电烙铁的插头必须插在右手边的插座上。如果是左撇子的操作人，则电烙铁的插头插在左手边的插座上。

⑦ 加热过程中、加热后禁止用手触摸电烙铁的发热金属部分，以免烫伤、触电等事故发生。

⑧ 电烙铁用完后，必须插在电烙铁架上。

电烙铁焊接的技巧如下。

① 定性规律：主要是把握加热时间、送锡多少。锡量太多，造成堆焊；锡量太少，造成虚焊。

② 把握尺度：焊点高度大约为2mm，直径与焊盘相一致，元器件引脚一般高于焊点大约0.5mm。

③ 最佳温度：焊锡熔化发出光泽时焊接温度最佳。具体体现在焊接温度与时间上：一般情况下电子元器件耐焊接热试验条件是距管壳1.0~1.5mm处引线温度为260℃±5℃，时间为10s±1s，或者温度为350℃±10℃，时间为3.5s±0.5s。焊锡温度一般为260℃，时间为10s；焊锡温度为350℃，时间为3s。对于混合电路，烙铁头的温度应低于245℃，时间为10s；如果烙铁头的温度为245~400℃，时间为5s。

④ 操作方法：当电烙铁处于最佳温度时，则立即将烙铁头的顶尖抵在电路板焊盘上，并且另一只手拿焊锡丝输送到烙铁头的顶尖（斜面），根据熔化进程决定输送速度与量。

正确的焊点是光滑小山丘，俯视焊点形状圆整以及有光泽，焊点美观、牢固，如图3-13所示。

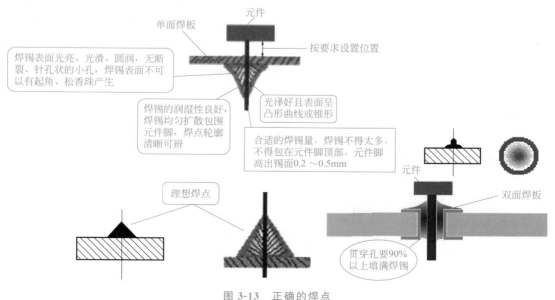

图3-13　正确的焊点

异常焊点的原因、现象见表 3-9。

表 3-9　异常焊点的原因、现象

异常焊点	原因、现象
	元器件引脚没有引出
	焊锡量太多,中间空,虚焊
	少焊,虚焊
	焊锡太少
	提烙铁时方向不合适,造成焊点形状不规则
	焊盘与焊点间有缝隙为虚焊或接触不良
	引脚放置歪斜
	撤离电烙铁带出一小尖峰
	油滴焊点,底部于焊盘接触不充分
	焊点搭接,容易引发短路等现象
	半焊、单边焊,容易脱焊
	烙铁温度不够或者抬烙铁时发生抖动,焊点呈碎渣状,这种情况多数为虚焊。俯视焊点形状呈碎渣状

3.3 元器件的检测判断

万用表表笔

万用表量程挡位

万用表使用
前注意事项

3.3.1 固定电阻好坏的检测判断

数字万用表检测判断固定电阻的好坏如图 3-14 所示。

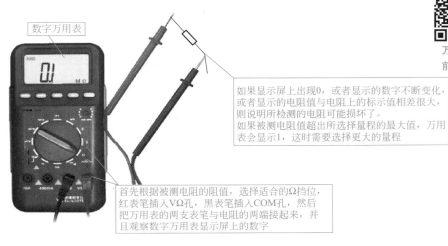

数字万用表

如果显示屏上出现0，或者显示的数字不断变化，或者显示的电阻值与电阻上的标示值相差很大，则说明所检测的电阻可能损坏了。
如果被测电阻值超出所选择量程的最大值，万用表会显示1，这时需要选择更大的量程

首先根据被测电阻的阻值，选择适合的Ω挡位，红表笔插入VΩ孔，黑表笔插入COM孔，然后把万用表的两支表笔与电阻的两端接起来，并且观察数字万用表显示屏上的数字

图 3-14 数字万用表检测判断固定电阻的好坏

拓展

固定电阻好坏的间接测试法的检测判断：检测电阻阻值好坏的间接测试法就是通过测试电阻两端的电压，以及流过电阻中的电流，然后利用欧姆定律计算出该电阻的阻值。该方法一般用于带电电路中电阻阻值的测试。因此，检测时必须注意安全，而且应注意相关的元件、电路带来的检测影响。为了减少相关的元件、电路带来的检测影响，可以单独给检测电阻设计一个专用检测电路来进行检测、判断。

3.3.2 色环电阻参数的检测判断

色环电阻参数的检测判断：可以先找到表示误差的色环，然后据此排好色环，再根据色环规律即可判断出色环电阻的参数。

表示误差的色环一般为金色环、银色环、棕色环，而且金色环与银色环一般很少用作电阻色环的第一环。因此，电阻上只要有金色环、银色环，可以快速判断金色环、银色环就是色环电阻的最后一环。

拓展

如果不懂，或者忘记了色环电阻参数的表示方法与规律，而又需要知道电阻的参数，则采用万用表等仪器直接测量出参数即可。

3.3.3 熔断电阻好坏的检测判断

熔断电阻好坏的检测判断可以采用万用表 $R \times 1$ 挡来测量：如果测得的阻值为无穷大，则说明该熔断电阻已开路；如果测得的阻值与标称值相差甚远，表明该熔断电阻变值。有少数熔断电阻在电路中会被击穿短路，因此，需要注意万用表的挡位、读数的精度。

经验法判断熔断电阻的好坏：熔断电阻表面发黑、烧焦，一般是因电流超过额定值太大所致；熔断电阻表面无任何痕迹而开路，则可能是流过熔断电阻电流刚好等于或稍大于其额定熔断值。

3.3.4 电位器好坏的检测判断

用万用表检测判断电位器好坏的方法与要点如下：

① 首先把万用表调到合适的电阻挡。

② 认准活动臂端、固定臂两端。

③ 用万用表的欧姆挡测固定臂两端，正常的读数应为电位器的标称阻值。如果万用表的指针不动或阻值相差很大，则说明该电位器已经损坏。

④ 检测电位器的活动臂端与固定臂端接触是否良好，即一表笔与活动臂端连接，一表笔分别与固定臂两端中的任一端连接，然后转动转轴，这时电阻值也随着慢慢旋转逐渐变化。

如果万用表的指针在电位器的转轴转动过程中有跳动现象，则说明活动触点有接触不良的现象。

指针万用表检测判断电位器如图 3-15 所示。

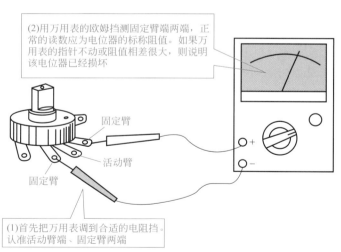

指针万用表检测判断电位器

图 3-15　指针万用表检测判断电位器

3.3.5 正温度系数（PTC）热敏电阻好坏的检测判断

用万用表检测判断正温度系数（PTC）热敏电阻好坏的方法与要点如下。

① 首先把万用表调到 $R \times 1$ 挡。

② 然后分以下两步操作。

第 1 步：常温检测（室内温度接近 25℃）。把两表笔接触 PTC 热敏电阻的两引脚测出其实际阻值，然后与标称阻值相对比。如果二者相差在 ±2Ω 内，说明正常；如果实际阻值与标称阻值相差过大，则说明其性能不良或已损坏。

第 2 步：加温检测。在常温测试正常的基础上，即可进行第二步测试——加温检测，将一热源（例如电烙铁）靠近 PTC 热敏电阻对其加热，同时用万用表监测其电阻值是否随温度的升高而增大。如果是，则说明该热敏电阻正常；如果阻值没有变化，则说明其性能变劣。

说明：不要使热源与 PTC 热敏电阻靠得太近，或直接接触热敏电阻，以防止将热敏电阻烫坏。

判断一些 PTC 热敏电阻的好坏可以采用直观法，具体方法与要点如下：首先把怀疑异常的 PTC 热敏电阻拆下来，然后拿在手上摇晃，如果能够听到有碎片碰撞的响声，则说明该 PTC 热敏电阻已经损坏。

3.3.6 负温度系数（NTC）热敏电阻好坏的检测判断

负温度系数（NTC）热敏电阻好坏的检测判断方法与要点如下：首先把万用表调到 $R \times$ 1 挡，然后进行检测，即万用表两表笔接触热敏电阻的两引脚测其阻值，并且与负温度系数热敏电阻标称阻值对比，如果二者相差在 ±2Ω 内即为正常，相差过大，则说明负温度系数热敏电阻不良或者损坏。

负温度系数热敏电阻的加温检测方法与要点如下：首先用电烙铁靠近热敏电阻，使其对负温度系数热敏电阻进行加热或者热量辐射，加热的同时用万用表监测负温度系数热敏电阻的阻值是否随温度的升高而减小。如果是，说明负温度系数热敏电阻是正常的，如果不是，说明负温度系数热敏电阻不再"热敏"，已经损坏了。

3.3.7 贴片电阻好坏的检测判断

贴片电阻是否损坏，可以通过观察法来检测判断。实际中的外观特征如下。

① 贴片电阻表面二次玻璃体保护膜覆盖完好，如果出现脱落，则说明该电阻可能损坏了。

② 贴片电阻表面一般是平整的，如果出现一些凸凹现象，则说明该电阻可能损坏了。

③ 贴片电阻体表面如果颜色烧黑，则说明该电阻可能损坏了。

④ 贴片电阻外形变形，则说明该电阻可能损坏了。

⑤ 贴片电阻引出端电极覆盖的均匀镀层如果出现脱落现象，则说明该电阻可能损坏了。

⑥ 贴片电阻引出端电极一般是平整无裂痕针孔、没有变色现象，如果出现裂纹，则说明该电阻可能损坏了。

3.3.8 小容量固定电容好坏的检测判断

小容量固定电容好坏的检测判断，可以选择万用表 $R \times 10k$ 或者 $R \times 1k$ 挡，然后用两表笔分别任意接电容的两引脚，正常时阻值应为无穷大。如果测得阻值（指针向右摆动）为零，则说明该电容漏电损坏或内部击穿。

如果在线测量时，电容两引脚的阻值为 0，则可能是因为电路板上两引脚间线路是相通的。

指针万用表检测判断小容量固定电容如图 3-16 所示。

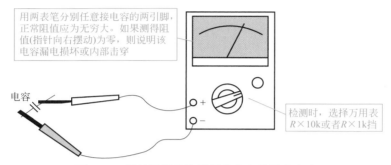

图 3-16　指针万用表检测判断小容量固定电容

拓展

对 pF 级小容量电容的精确检测一般要用电容测试仪或电容电桥来测量。如果没有专用仪表，可以采用在电路上并接电容的方法试验原来的电容是否失效：并接电容后，电路正常，卸下并接电容后，电路异常，则说明原来的电容异常。

3.3.9 10pF～0.01μF 小电容好坏的检测判断

万用表检测判断 10pF～0.01μF 小电容需要借助复合三极管来进行。选择的一般是 β 值均为 100 以上，以及穿透电流小的三极管，例如可以选择 3DG6、3DC6、9013 等三极管。

万用表检测判断时，三极管根据图 3-17 所示连接成复合三极管，用万用表的红表笔与

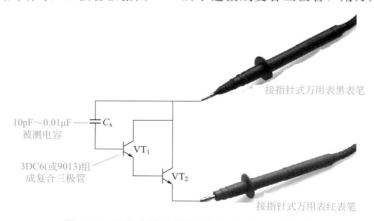

图 3-17　万用表检测判断 10pF～0.01μF 小电容

黑表笔分别与复合管的发射极 e、集电极 c 连接。性能良好的电容，接通的瞬间，万用表的表针有较大的摆幅，并且容量越大，表针的摆幅也越大。如果表针不摆动，则说明该电容可能损坏了。

3.3.10 0.01μF 以上固定电容好坏的检测判断

0.01μF 以上固定电容好坏的万用表检测判断方法与要点如下：首先把万用表调到 $R\times$ 10k 挡，然后直接检测电容有无充电过程，以及有无内部短路或漏电，以及根据指针向右摆动的幅度大小估出电容的容量。

指针万用表检测判断 0.01μF 以上固定电容好坏如图 3-18 所示。

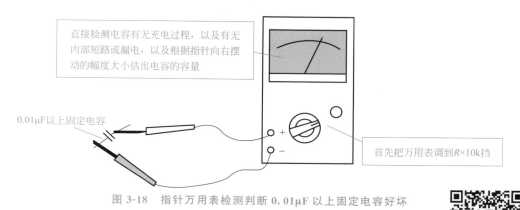

图 3-18　指针万用表检测判断 0.01μF 以上固定电容好坏

3.3.11 1μF 以上固定电容好坏的检测判断

1μF 以上固定电容好坏的万用表检测判断的方法与要点如下。

① 选择万用表法的 $R\times$1k 电阻挡位。

② 然后用万用表检测电容两电极，正常表针向阻值小的方向摆动，然后慢慢回摆到∞附近。再交换表笔检测一次，观察表针的摆动情况来判断。

a. 摆幅越大，说明该电容的电容量越大。

b. 如果表笔一直碰触电容引线，表针应指在∞附近；否则，说明该电容存在漏电现象。阻值越小，说明该电容漏电量越大，也就可以判断该电容质量变差。

c. 如果测量时表针不动，则说明该电容已失效或断路。

d. 如果表针摆动，但是不能回到起始点，则说明该电容漏电量较大，也就可以判断该电容质量差。

3.3.12 固定电容好坏的数字万用表检测判断

固定电容好坏的数字万用表检测判断：首先把数字万用表调到电容挡，然后把电容引脚直接插入数字万用表测量电容的相应插孔座检测即可。然后将检测的容量与电容的标称容量比较，如果两者一致，说明正常；如果两者不一致，说明该电容可能损坏了。

说明：容量为 1μF 以下的电容，一般需要借助其他仪器才可以较准确地测量出容量。

数字万用表检测判断固定电容好坏如图 3-19 所示。

数字万用表

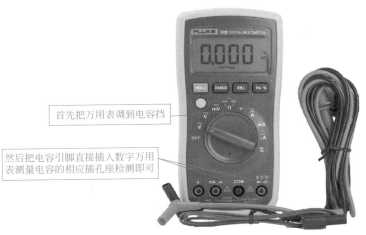

首先把万用表调到电容挡

然后把电容引脚直接插入数字万用表测量电容的相应插孔座检测即可

图 3-19　数字万用表检测判断固定电容好坏

在 220V 电源电路中的全波整流电路后，一般会连接一个 300V 滤波电容，该滤波电容发生故障率比较高，判断该滤波电容的好坏可以通过万用表的电压挡在路检测来实现：在安全通电状态下，用万用表的两支表笔分别接滤波电容的两个引脚。此时，正常情况，可以检测直流电压值大约为 310V。如果检测的电压值很小或趋近于 0V，则说明该滤波电容可能被击穿了。

3.3.13　运转电容与启动电容好坏的检测判断

运转电容与启动电容好坏的万用表检测判断方法与要点如下：先把万用表调到 $R \times 1k$ 或 $R \times 10k$ 挡，然后把两表笔分别接触电容的两极端。如果表针先指向低阻值，然后逐渐退回到高阻值，说明该电容是好的。如果检测时，万用表表针一直在低阻值不动，则说明该电容出现短路情况。如果万用表表针一直在高阻值不动，则说明该电容出现断路情况。

放电法判断家电运转电容与启动电容好坏的方法与要点如下：先把电容直接在 220V 电源充电（充电时间一般不超过 3s），再用螺丝刀（螺钉旋具）在安全的情况下，将电容两电极端瞬间短路。如果此时电容出现强烈火花，则说明该电容是好的。否则，说明该电容已经损坏。注意：操作时需要采取一定的安全措施。

3.3.14　电感与线圈好坏的检测判断

电感与线圈好坏的数字万用表检测判断方法与要点如下：首先把数字万用表的功能/量程开关调到 L 挡，如果被测的电感大小是未知的，则需要先选择最大量程再逐步减小。根据被测电感的特点，将带夹短测试线插入数字万用表的 Lx 两测试端子，进行检测以及保证可靠接触，数字万用表的显示屏上即显示出被测电感值，相关图例如图 3-20 所示。

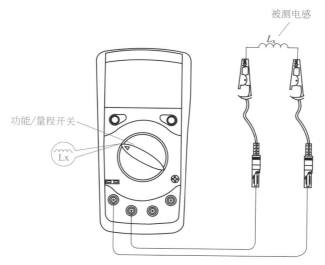

指针万用表
检测电感

数字万用表检
测电感

被测电感

L_x

功能/量程开关

图 3-20   数字万用表检测判断电感与线圈好坏

使用 2mH 量程时，需要先把数字万用表的测试线短路，然后检测引线的电感，再在实测值中减去该值。如果检测非常小的电感，则最好采用小测试孔。

有的数字万用表不能够检测电感的品质因数。

拓展

万用表快速判断贴片电感的好坏：一般贴片电感的电阻比较小，用万用表检测，如果为∞，则说明该贴片电感可能断路。

3.3.15　色码电感好坏的检测判断

色码电感好坏的万用表检测判断的方法与要点如下：首先把万用表调到 $R\times 1$ 挡，然后红表笔、黑表笔各接色码电感的任一引出端。此时，指针应向右摆动。然后根据检测出的电阻值大小，进行判断：

① 如果被测色码电感电阻值为零，则说明内部有短路性故障。

② 如果被测色码电感直流电阻值的大小与绕制电感线圈所用的漆包线径、绕制圈数有直接关系，只要能够检测电阻值，则可以说明被测色码电感是正常的。

指针万用表检
测整流二极管

3.3.16　整流二极管好坏的检测判断

整流二极管好坏的万用表检测判断方法与要点如下：整流二极管的判断与普通二极管的判断方法基本一样，即也是根据检测正向、反向电阻来判断。例如，1N4007 正常的正向电阻为 500Ω 左右（图 3-21），反向电阻为无穷大。如果检测的正反电阻值与正常参考值相差很大，则说明整流二极管 1N4007 可能损坏了。

数字万用表检
测整流二极管

1N4007正常的正向电阻为500Ω左右

图 3-21　1N4007 正常的正向电阻为 500Ω 左右

反向电阻值
为无穷大

图 3-22　反向电阻值为无穷大

3.3.17　玻封硅高速开关二极管的检测判断

玻封硅高速开关二极管的万用表检测判断方法与普通二极管的万用表检测方法相同。但是，需要注意它们之间的差异。

① 开关二极管比普通二极管正向电阻大。

② 开关二极管用 $R \times 1k$ 电阻挡测量，一般正向电阻值为 $5 \sim 10k\Omega$，反向电阻值为无穷大，如图 3-22 所示。

3.3.18　稳压二极管好坏的检测判断

稳压二极管好坏的万用表检测判断方法与要点如下：

① 首先把万用表调到 $R \times 1k$ 或者 $R \times 100$ 挡。

② 然后把两表笔分别接稳压二极管的两个电极端，检测出一个结果后，再对调万用表两表笔进行检测。如果测得稳压二极管的正向、反向电阻均很小或均为无穷大，则说明该稳压二极管已经击穿或者开路损坏，如图 3-23 所示。

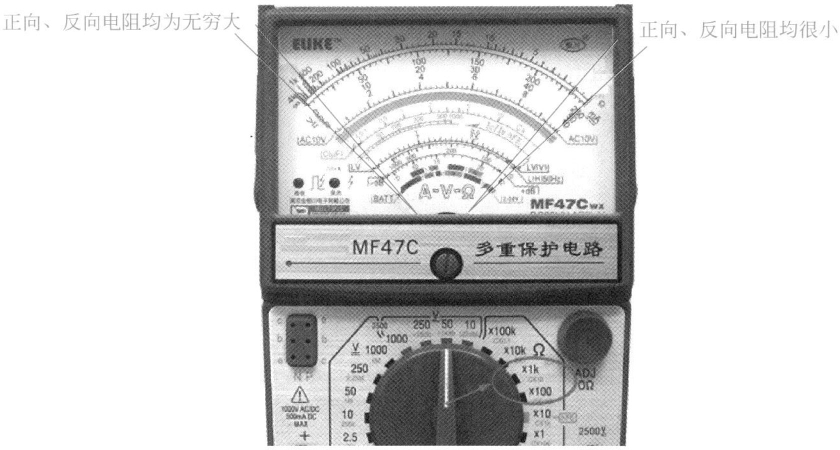

正向、反向电阻均为无穷大　　　　　　　　　　正向、反向电阻均很小

图 3-23　正向、反向电阻均很小或均为无穷大

说明：判断普通稳压二极管是否断路或者击穿损坏，与检测判断检波二极管的好坏的方法基本相同。使用万用表的低电阻挡测量稳压管的正向、反向电阻时，其阻值应和普通二极管是一样的。

万用表判断稳压二极管极性的检测判断方法与要点如下：

① 首先把万用表调到 $R \times 100$ 挡，然后两表笔分别接到稳压管的两脚端。

② 然后根据测得阻值较小的一次为依据来判断：黑表笔所接的引脚端为稳压管的正极端；红表笔所接引脚端为稳压管的负极端。

3.3.19 发光二极管好坏的检测判断

发光二极管（图 3-24）好坏的单万用表检测判断方法与要点如下：首先把万用表调到 $R \times 1k$ 挡位，然后检测其正向、反向电阻值。一般正向电阻小于 $50k\Omega$（图 3-25）、反向电阻大于 $200k\Omega$ 以上为正常。如果检测得到其正向、反向电阻为零或为无穷大，则说明该被测发光二极管已经损坏。

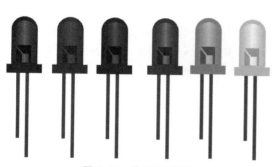

图 3-24　发光二极管

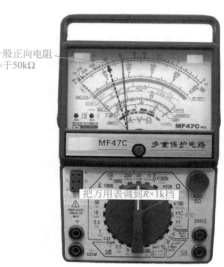

一般正向电阻小于$50k\Omega$

把万用表调到$R \times 1k$挡

图 3-25　一般正向电阻

发光二极管好坏的单万用表检测，也可以采用万用表的 $R \times 10k$ 挡来检测。一般发光二极管的正向阻值在十千欧姆的数量级，反向电阻在 $500k\Omega$ 以上，并且发光二极管的正向压降比较大。在检测正向电阻时，可以同时看到发光二极管发出微弱的光。如果检测得到的正向、反向电阻均很小，则说明该发光二极管内部击穿短路。如果检测得到的正向、反向电阻均为无穷大，则说明发光二极管内部开路。

发光二极管的正向阻值比普通二极管正向电阻大。如果用万用表 $R \times 1k$ 以下各挡检测，因表内电池仅为 $1.5V$，不能够通过发光二极管正向导通与发出光来判断。另外，由于 LED 数码管也是由发光二极管组成，因此，上述方法也可以检测判断 LED 数码管。

3.3.20　变色发光二极管好坏的检测判断

变色发光二极管（图 3-26）好坏的万用表检测判断方法与要点如下：三端变色发光二极管是把一只红色发光二极管与一只绿色发光二极管封装在一起，并且它们的负极连在一起，然后引出作为公共端。它们的阳极各自单独引出，内部电路结构如图 3-27 所示。两端变色发光二极管外形与内部电路结构如图 3-28 所示。

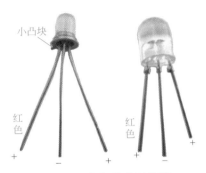

图 3-26　变色发光二极管

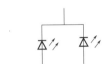

图 3-27　三端变色发光二极管内部电路结构

三端变色发光二极管可以采用 MF47 等万用表来检测。首先把万用表调到 $R\times 10k$ 挡，然后红表笔接任一脚，黑表笔接另外两引脚。如果出现两次低电阻，即大约 $20k\Omega$，则红表笔所接的就是变色发光二极管的公共负极端。然后，判断各自的阳极端，具体方法如下：首先采用 3V 电池串一只 200Ω 电阻，然后电池负极接其公共负极端，200Ω 电阻一端分别接另外两端，当接触它一端脚就会发出相应的光，则该端就是对应相应变色发光二极管的阳极端。电路示意图如图 3-29 所示。

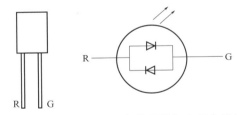

图 3-28　两端变色发光二极管外形与内部电路结构

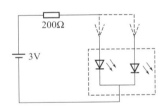

图 3-29　变色发光二极管引脚的判断示意

3.3.21　发光二极管灯珠好坏的检测判断

发光二极管灯珠好坏的万用表检测判断方法与要点如下：发光二极管灯珠有的采用多个发光二极管串接而成，判断哪个发光二极管损坏，可以采用相应数值的电压电源接触各单个发光二极管两引脚，看是否点亮，例如接触某一单个发光二极管不亮，则说明该单个发光二极管损坏了。

 拓 展

串联成组结构的发光二极管灯珠，只要有一个发光二极管损坏，则整组就不会亮。

3.3.22 LED 数码管好坏的检测判断

LED 数码管（图 3-30）好坏的数字万用表检测判断方法与要点如下：选择 NPN 挡时，C 孔带正电，E 孔带负电。例如检查共阴极 LED 数码管时，可以从 E 孔插入一根单股细导线，把该导线引出端接共阴极端，从 C 孔引出一根导线依次接触各笔段电极端，然后根据是否显示所对应的笔段来判断即可。如果发光暗淡，则说明该 LED 数码管已经老化。如果显示的笔段残缺不全，则说明该 LED 数码管已经局部损坏。

说明：对于型号不明、无管脚排列图的 LED 数码管，可以预先假定某个电极为公共极，然后根据笔段发光或不发光加以验证。如果笔段电极接反或公共极判断错误时，该笔段就不能发光。

3.3.23 自闪二极管电极好坏的检测判断

自闪二极管（图 3-31）电极好坏的万用表检测判断方法与要点如下：首先把万用表调到 $R\times 1k$ 挡，然后红表笔、黑表笔分别接在自闪二极管的两引脚端进行检测，并且读出数值。然后调换一次表笔检测一次，并且读出数值。比较两次检测的数值，以检测数值电阻大的一次为依据：黑表笔所接的为自闪二极管的正极端，红表笔所接的为自闪二极管的负极端。

图 3-30　LED 数码管　　　　　图 3-31　自闪二极管

3.3.24 光电二极管好坏的检测判断

光电二极管好坏的数字万用表检测判断方法与要点如下：采用数字万用表的二极管挡（图 3-32），然后红表笔接正极，黑表笔接负极，检测正向压降一般约为 0.6V 左右。如果黑表笔接正极，红表笔接负极，光线不强时，则会显示 1。在灯光下，其阻值会随光线强度增加而减小。如果检测的数值与这一现象相差较大，则说明该光电二极管可能损坏了。

 拓展

光电二极管灵敏度万用表的检测判断方法与要点如下：首先把万用表调到 $R\times 1k$ 挡，再把光电二极管的窗口遮住，然后检测光电二极管的两管脚引线间正向、反向电阻，正常应具有一大一小，正向电阻应在 $10\sim 20k\Omega$，反向电阻应为无穷大。然后不遮住光电二极管的窗口，让光电二极管接收窗口对着光源，这时万用表表针正常应向右偏转，偏转角度越大，灵敏度越高。

图 3-32 数字万用表的二极管挡

数字万用表的二极管挡

3.3.25 激光二极管好坏的检测判断

激光二极管的外形与类型如图 3-33 所示。一般两端激光二极管好坏的万用表检测判断方法与要点如下：首先把万用表调到 $R\times 1k$ 或 $R\times 10k$ 挡，把激光二极管拆下来，测量其阻值，正常情况下正向阻值一般为 $20\sim 40k\Omega$，反向阻值一般为无穷大。如果所检测激光二极管的正向阻值大于 $50k\Omega$，则说明该激光二极管性能已经下降。如果检测的正向阻值大于 $90k\Omega$，则说明该激光二极管已经损坏。三端激光二极管的检测，类似于两端激光二极管的检测。可根据三端激光二极管内部结构特点进行各两端分别分开检测。

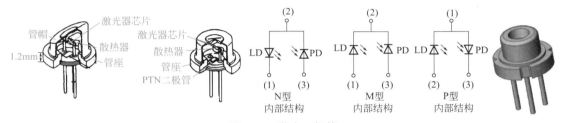

图 3-33 激光二极管

拓展

由于激光二极管的正向压降比普通二极管要大，因此，检测激光二极管的正向电阻时，万用表指针可能仅略微向右偏转而已，而反向电阻则为无穷大。

3.3.26 红外光敏二极管好坏的检测判断

红外光敏二极管好坏的万用表检测判断方法与要点如下：首先把万用表调到 $R\times 1k$ 挡，然后检测光敏二极管的正向、反向电阻值。正常时，正向电阻值（黑表笔所接引脚为正极）一般为 $3\sim 10k\Omega$，反向电阻值一般为 $500k\Omega$ 以上。如果检测得到的正向、反向电阻值均为 0 或均为无穷大，则说明该光敏二极管已经击穿或开路损坏，如图 3-34 所示。

3.3.27 红外光敏二极管灵敏度的检测判断

红外光敏二极管灵敏度的万用表+遥控器检测判断方法与要点如下：首先把万用表调到 $R\times 1k$ 挡，然后检测光敏二极管的正向、反向电阻值。正常时，正向电阻值（黑表笔所接引脚为正极）一般为 $3\sim 10k\Omega$，反向电阻值一般为 $500k\Omega$ 以上。

在检测红外光敏二极管反向电阻值的同时，可以用遥控器对着被检测红外光敏二极管的接收口。正常情况下，红外光敏二极管在按动遥控器上按键时，其反向电阻值会由 $500k\Omega$ 以上减小到 $50\sim 100k\Omega$，阻值下降越多，则说明该红外光敏二极管的灵敏度越高，如图 3-35 所示。

如果检测得到的正向、反向电阻值均为0或均为无穷大，则说明该光敏二极管已经击穿或开路损坏

图 3-34 红外光敏二极管正向、反向异常数值

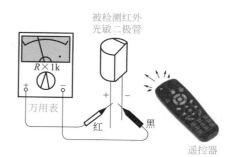

被检测红外光敏二极管

万用表

红 黑

遥控器

图 3-35 检测红外光敏二极管灵敏度

光敏二极管与光敏三极管的万用表检测判断方法与要点如下：首先把万用表调到 $R\times1k$ 挡。然后在不受光的情况下，检测一下两种光敏管的正向、反向电阻。如果正向、反向电阻差别大，则为光敏二极管。如果正向、反向电阻差别小，则为光敏三极管。

3.3.28 快、超快恢复二极管的检测判断

快、超快恢复二极管的万用表检测判断方法与要点如下：首先把万用表调到 $R\times1k$ 挡（图 3-36），然后检测其单向导电性。正常情况下，正向电阻值一般约为 $45k\Omega$，反向电阻值一般为无穷大。然后，再检测一次，正常情况下，正向电阻值一般约为几十欧姆，反向电阻值一般为无穷大。如果与此有较大差异，则说明该快、超快恢复二极管可能损坏了。

说明：用万用表检测快、超快恢复二极管的方法基本与检测塑封硅整流二极管的方法相同。

图 3-36 把万用表调到 $R\times1k$ 挡

3.3.29　高频变阻二极管好坏的检测判断

高频变阻二极管好坏的万用表判断方法与要点如下：首先把 500 型万用表（图 3-37）调到 $R×1k$ 挡，然后检测，正常的高频变阻二极管的正向电阻一般为 $5～5.5kΩ$，反向电阻一般为无穷大。

3.3.30　变阻二极管好坏的检测判断

变阻二极管好坏的万用表判断方法与要点如下：首先把万用表调到 $R×10k$ 挡，然后检测变阻二极管的正向、反向电阻。正常情况下，高频变阻二极管的正向电阻值（黑表笔接正极端）一般为 $4.5～6kΩ$，反向电阻值一般为无穷大（图 3-38）。如果检测得到其正向、反向电阻值均很小或均为无穷大，则说明该被测变阻二极管已经损坏。

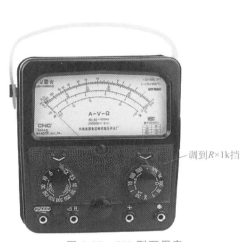

图 3-37　500 型万用表

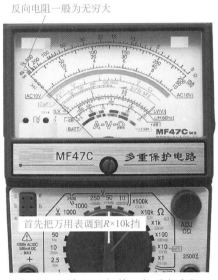

图 3-38　变阻二极管一般反向电阻

3.3.31　双向触发二极管好坏的检测判断

双向触发二极管好坏的万用表检测判断方法与要点如下：首先把万用表调到 $R×1k$ 挡，然后测双向触发二极管的正向、反向电阻，正常均为无穷大（图 3-39）。如果交换万用表表笔进行检测，万用表指针向右摆动，则说明该被测管具有漏电现象。

如果采用万用表 $R×10k$ 挡检测，则指针有较大的偏转，则说明该触发二极管的性能不好。如果检测得到的阻值为零，则说明该触发二极管内部短路。

3.3.32　二端与三端肖特基二极管好坏的检测判断

二端肖特基二极管好坏的万用表检测方法与要点如下：首先把万用表调到 $R×1$ 挡，然后测量，正常时的正向电阻值一般为 $2.5～3.5Ω$，反向电阻值一般为无穷大。

如果测得正向、反向电阻值均为无穷大或均接近 0，则说明所检测的二端肖特基二极管异常。

三端肖特基二极管好坏的万用表检测方法与要点如下：

① 首先找出公共端，判别出是共阴对管还是共阳对管。

② 然后测量两只二极管的正向、反向电阻值：正常时的正向电阻值一般为 2.5～3.5Ω，反向电阻值一般为无穷大（图 3-40）。

图 3-39　双向触发二极管正向、反向电阻

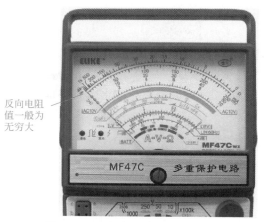

图 3-40　反向电阻一般为无穷大

3.3.33　双向型瞬态电压抑制二极管（TVS）好坏的万用表检测判断

双向型瞬态电压抑制二极管（TVS）好坏的万用表判断方法与要点如下：首先把万用表调到 R×1k 挡，然后检测双向型瞬态电压抑制二极管（TVS）正向、反向电阻，任意调换红表笔、黑表笔正常电阻均应为无穷大（图 3-41），否则说明所检测的双向型瞬态电压抑制二极管性能不良或已经损坏。

3.3.34　单极型瞬态电压抑制二极管（TVS）好坏的检测判断

单极型瞬态电压抑制二极管（TVS）符号与外形如图 3-42 所示。单极型瞬态电压抑制

图 3-41　双向型瞬态电压抑制二极管正向、反向电阻

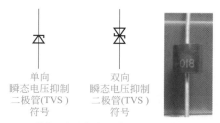

图 3-42　单极型瞬态电压抑制二极管符号与外形

二极管（TVS）好坏的万用表判断方法与要点如下：首先把万用表调到 $R \times 1k$ 挡，然后检测单极型瞬态电压抑制二极管的正向、反向电阻，一般正向电阻值为 $4k\Omega$ 左右，反向电阻值为无穷大。

3.3.35 普通贴片二极管好坏的检测判断

普通贴片二极管好坏的万用表检测方法与要点如下：首先把万用表调到 $R \times 100$ 挡或 $R \times 1k$ 挡，然后检测普通贴片二极管的正向、反向电阻。贴片二极管正向电阻值一般为几百欧姆到几千欧姆。贴片二极管的反向电阻值一般为几十千欧姆到几百千欧姆。

贴片二极管的正向、反向电阻值相差越大，则说明该贴片二极管单向导电性越好。如果检测得正向、反向电阻值相差不大，则说明该贴片二极管单向导电性能变差。如果正向、反向电阻值均很小，则说明该贴片二极管已经击穿失效。如果正向、反向电阻值均很大，则说明该贴片二极管已经开路失效。

 拓展

普通贴片二极管（图3-43）的正、负极的万用表检测方法与要点如下：首先把万用表调到 $R \times 100$ 或 $R \times 1k$ 挡，然后用万用表红表笔、黑表笔任意检测贴片二极管两引脚端间的电阻，然后对调表笔再检测一次。在两次检测中，以阻值较小的一次为依据：黑表笔所接的一端为贴片二极管的正极端，红表笔所接的一端为贴片二极管的负极端。

图3-43　普通贴片二极管

3.3.36 贴片稳压二极管好坏的检测判断

贴片稳压二极管（图3-44）好坏可以用万用表电压挡来检测，也可以用万用表欧姆挡来检测。

SMC　　　MBS　　　SOD-123　　　SOD-323

图3-44　贴片稳压二极管

贴片稳压二极管好坏的万用表电压挡检测方法与要点如下：利用万用表电压挡检测普通贴片二极管导通状态下结电压，硅管的为 $0.7V$ 左右，锗管的为 $0.3V$ 左右。贴片稳压二极管检测其实际"稳定电压"（即实际检测值）是否与其"稳定电压"（即标称值）一致来判断是否正常，一致为正常（稍有差异也是正常的）。

贴片稳压二极管好坏的万用表欧姆挡检测方法与要点如下：用万用表欧姆挡检测，正常时一般正向电阻值为 10kΩ 左右，反向电阻值为无穷大。如果与此相差较大，一般说明该贴片稳压二极管异常。

3.3.37 贴片整流桥好坏的检测判断

贴片整流桥好坏的万用表检测方法与要点如下：首先把万用表调到 10k 或 100 挡，然后检测一下贴片整流桥堆的交流电源输入端正向、反向电阻，正常时，阻值一般为无穷大。如果 4 只整流贴片二极管中有一只击穿或漏电时，均会导致其阻值变小。检测交流电源输入端电阻后，还应检测＋与一间的正向、反向电阻，正常情况下，正向电阻值一般为 8～10kΩ，反向电阻值一般为无穷大。

万用表二极管挡法判断桥堆好坏的方法与要点如下：首先把万用表调到二极管挡，再检测桥堆，正确的情况见表 3-10。

表 3-10 万用表二极管挡判断桥堆

连接状态	解说
万用表红笔接桥堆的一,黑笔接桥堆的＋	正常应有 0.9V 左右的电压降,并且万用表调反没有显示
万用表红笔接桥堆的一,黑笔分别接桥堆的两个输入端	正常均有 0.5V 左右的电压降,并且万用表调反没有显示
万用表黑笔接桥堆的＋,红笔分别接桥堆的两个输入端	正常均有 0.5V 左右的电压降,并且万用表调反没有显示

3.3.38 全桥好坏的检测判断

全桥好坏的数字万用表检测判断的方法与要点如下：首先把万用表调到二极管挡，然后依次检测两个～端与＋端、两个～端与一端间各个二极管的正向压降与反向压降。如果各个二极管的正向压降均在 0.5V 左右，以及检测反向压降时二极管均截止，显示溢出符号 1，则说明该被检测的全桥是好的。

整流二极管属于非线性器件，其正向压降与正向测试电流有关。

3.3.39 三相整流桥模块好坏的检测判断

三相整流桥模块好坏的数字万用表检测判断方法与要点如下：首先把数字万用表调到二极管挡，黑表笔插入数字万用表 COM 孔，红表笔插入数字万用表 VΩ 孔。然后用红、黑两表笔先后检测 3、4、5 端与 2、1 端间的正向、反向二极管特性来检查判断。检测的正反向特性相差越大，则说明性能越好。如果正向、反向电阻为 0，则说明所检测的三相整流桥模块的一相已经被击穿短路。如果正向、反向电阻均为无穷大，则说明所检测的三相整流桥模块一相已经断路。

只要整流桥模块有一相损坏，则说明该三相整流桥模块已经损坏。

三相整流桥模块实物如图 3-45 所示，该模块内部电路结构如图 3-46 所示。三相整流桥模块的检测判断，应对其内部电路结构了解。因为，不同的三相整流桥模块内部结构不同，则检测的判断依据会有差异。

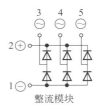

图 3-45　三相整流桥模块实物　　　　图 3-46　三相整流桥模块内部电路结构

3.3.40　三极管极性的检测判断

三极管极性的指针万用表判断方法与要点如下：检测一般小功率三极管，可以采用指针万用表 $R \times 100$ 挡或 $R \times 1\mathrm{k}$ 挡，然后用指针万用表两表笔检测三极管任意两个引脚间的正向、反向电阻。当黑表笔（或红表笔）接三极管的某一引脚时，用红表笔（或黑表笔）分别接触另外两个引脚，万用表均指示低阻值。此时，所检测的三极管与黑表笔（或红表笔）连接的引脚就是三极管的基极 B，则另外的两个引脚就是集电极 C 与发射极 E。如果基极所接的是红表笔，则该三极管为 PNP 管。如果基极所接的是黑表笔，则该三极管为 NPN 管。

三极管极性的数字万用表 h_{FE} 值判断方法与要点如下：利用数字万用表检测三极管 h_{FE} 的功能，来判断三极管的集电极与发射极。首先检测判断出三极管的基极 B，以及检测判断出 NPN 型还是 PNP 型三极管，然后把万用表调到 hFE 功能挡，以及把三极管的引脚分别插入基极孔、发射极孔、集电极孔，如图 3-47 所示，此时，从显示屏上读出 h_{FE} 值。对调一次发射极与集电极，再次检测得出 h_{FE} 值。以数值较大的一次为依据，插入的发射极与集电极引脚是正确的。

图 3-47　调到 h_{FE} 功能挡

另外，也可以采用数字万用表二极管挡来判断三极管的极性，具体的方法与要点如下：首先把数字万用表调到二极管挡，然后红笔任接一个管脚，再用黑笔依次接另外两个脚。如果两次检测显示的数值均小于 1V，则说明红表笔所接的是 NPN 三极管的基极 B。如果均显示溢出符号 OL 或超载符号 1，则说明红笔所接的是 PNP 三极管的基极 B。如果两次检测中，一次小于 1V，另一次显示 OL 或 1，则说明红表笔所接的不是基极，需要换脚再检测。NPN 型中小功率三极管数值一般为 $0.6 \sim 0.8\mathrm{V}$。其中以较大的一次为依据，黑笔所接的电极是发射极 E。与散热片连在一起的，一般是集电极 C，则另一边中间一脚一般也是集电极 C。

3.3.41　三极管好坏的检测判断

三极管好坏的数字万用表检测判断方法与要点如下：首先把万用表调到二极管挡，然后分别检测三极管的发射结、集电结的正偏、反偏是否正常。如果万用表检测三极管发射结、集电结的正偏均有一定数值显示或者正偏万用表显示 000，反偏均显示为 1，则说明该三极

管是好的。如果两次万用表均显示为000，则说明该三极管极间短路或击穿。如果两次万用表均显示1，则说明该三极管内部已断路

另外，如果在检测三极管中找不到公共B极，则说明该三极管损坏了。

　　三极管质量的万用表判断方法与要点如下：首先把万用表调到$R \times 10$挡，进行调零。然后将万用表调到h_{FE}挡上，根据三极管管脚的排列把三极管脚位对应插入万用表h_{FE}参数的测试管座上，根据表针所指示的值读出三极管的直流h_{FE}参数值，根据h_{FE}参数值来判断三极管质量即可。

3.3.42　带阻三极管的检测判断

带阻三极管好坏的万用表检测判断方法与要点如下：首先把万用表调到$R \times 1k$挡，然后检测带阻三极管集电极C与发射极E间的电阻值（图3-48）。检测NPN管时，黑表笔接C极，红表笔接E极。检测PNP管时，红表笔接C极，黑表笔接E极。正常情况下，集电极C与发射极E间的电阻一般为无穷大，以及在检测的同时，如果把带阻三极管的基极B与集电极C间短路后，则一般有小于$50k\Omega$的电阻。如果偏差较大，则说明该带阻三极管不良。

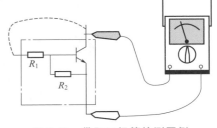

图3-48　带阻三极管检测图例

另外，也可以通过检测带阻三极管的BE极、CB极、CE极间的正向、反向电阻的方法来估测带阻三极管是否损坏。

　　带阻三极管内部含有1个或2个电阻，因此，检测带阻三极管的方法与普通三极管略有差异。检测带阻三极管之前，应先了解管内电阻的阻值为好。

3.3.43　光电三极管好坏的检测判断

光电三极管好坏的万用表检测判断方法与要点如下：首先把数字万用表调到20k挡（图3-49），然后红表笔接光电三极管的C极，黑表笔接光电三极管的E极。在完全黑暗的环境下检测，数字万用表应显示1。光线增强时，阻值应随之降低，最小可达$1k\Omega$左右。如果与该检测现象相差较大，则说明该光电三极管异常。

光电三极管灵敏度的万用表检测判断方法与要点如下：首先把万用表调到$R \times 1k$挡，再把光电三极管的窗口用黑纸或黑布遮住，然后检测光电三极管的两管脚引线间正向、反向电阻，正常均为无穷大。然后不遮住光电三极管的窗口，让光电三极管接收窗口对着光源，这时万用表表针向右偏转

图3-49　把数字万用表调到20k挡

到 15～35kΩ，并且向右偏转角度越大，则说明该光电三极管的灵敏度越高。

3.3.44 大功率达林顿管的检测判断

大功率达林顿管在普通达林顿管的基础上内置了功率管、续流二极管、泄放电阻等保护

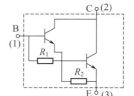

图 3-50 某大功率达林顿管内部电路

与泄放漏电流元件，某大功率达林顿管内部电路如图 3-50 所示。大功率达林顿管的万用表检测判断方法如下。

① 首先把万用表调到 $R\times10k$ 挡，检测 B、C 间 PN 结电阻，正常的正向、反向电阻有较大差异。如果正向、反向电阻值相差不太，则说明所检测的三极管可能损坏了。

② 在大功率达林顿管 B、E 间有两个 PN 结，并且接有 2 个电阻。用万用表电阻挡检测时，正向测量测到的阻值是 B-E 结正向电阻与 2 个电阻阻值并联的结果。反向测量时，发射结截止，测出的则是 R_1+R_2 电阻之和，正常大约为几百欧，且阻值固定，不随电阻挡位的变换而改变。

③ 首先把万用表调到 $R\times10k$ 挡，检测大功率达林顿管的集电结（集电极 C 与基极 B 间）的正向、反向电阻值。正常时，正向电阻值（NPN 管的基极接黑表笔时）应较小，有的为 1～10kΩ，反向电阻值一般接近无穷大。如果检测得到集电结的正向、反向电阻值均很小或均为无穷大，则说明大功率达林顿管已击穿短路或开路损坏。然后把万用表调到 $R\times$ 100 挡，检测大功率达林顿管的发射极 E 与基极 B 间的正向、反向电阻，正常值均为几百欧姆到几千欧姆（具体数值根据 B、E 极间两个电阻的阻值不同有所差异，例如 BU932R、MJ10025 等型号大功率达林顿管 B、E 极间的正向、反向电阻值均为 600Ω 左右）。如果检测得到阻值为 0 或为无穷大，则说明被测的大功率达林顿管已经损坏。用万用表 $R\times1k$ 或 $R\times$ 10k 挡，检测达林顿管发射极 E 与集电极 C 间的正向、反向电阻。正常时，正向电阻值（检测 NPN 管时，黑表笔接发射极 E，红表笔接集电极 C；检测 PNP 管时，黑表笔接集电极 C，红表笔接发射极 E）一般为 5～15kΩ（BU932R 等为 7kΩ），反向电阻值应为无穷大，否则说明该三极管 C、E 极（或二极管）存在击穿或开路损坏。

另外，有的大功率达林顿管在 2 个电阻上并接了二极管，因此，检测的等效电阻不同了，正常的数值也具有差异。因此，对大功率达林顿管的检测，需要根据所检测管子的内部电路结构来判断。

达林顿管的 E、B 极间包含多个发射结，因此，需要选择万用表能够提供较高电压的 $R\times10k$、$R\times1k$ 等挡位来检测。

3.3.45 普通晶闸管好坏的检测判断

普通晶闸管好坏的数字万用表二极管挡判断方法与要点如下：首先把数字万用表调到二极管挡（图 3-51），然后检测。正常情况下，G、K 与 A 间的正反向电阻都很大（无穷大）。如果万用表正、反接在 G、K 两极间，万用表都显示为 1，则说明 G、K 极间存在开路故障。如果万用表正、反接在 G、K 两极间，万用表都显示为 000，或趋近于零，则说明该晶闸管内部存在极间短路故障。

3.3.46　双向晶闸管好坏的检测判断

双向晶闸管好坏的数字万用表检测判断方法与要点如下：首先把数字万用表调到 NPN 挡，然后让双向晶闸管的 G 极开路（图 3-52 左），T_2 极经过限流电阻 R（大约为 330Ω）接万用表 hFE 插口的 C 孔，T_1 极经过导线连接在 hFE 插口的 E 孔。这时数字万用表显示值为 000，则说明该双向晶闸管处于关断状态。再用一根导线把 G 极与 T_2 极短接，用 hFE 插口 C 孔上的 +2.8V 作为触发电压，万用表数字显示变成 578，则说明该双向晶闸管已经导通。然后将双向晶闸管的 T_1、T_2 调换过来连接，以及仍然把 G 极通过导线与 C 极碰触一下，这时数字万用表显示值从 000 变为 428，则说明双向晶闸管能够在两个方向导通，是好的管子。

图 3-51　数字万用表二极管挡

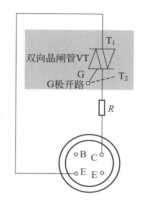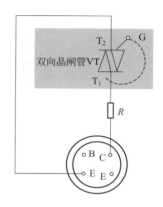

图 3-52　数字万用表法判断双向晶闸管的好坏

3.3.47　贴片晶闸管引脚（电极）的检测判断

贴片晶闸管外形与符号如图 3-53 所示。

贴片晶闸管引脚（电极）的万用表检测判断方法与要点如下：首先把万用表调到 R×100 或 R×1k 挡，然后分别检测被测晶闸管各电极间的正向、反向电阻。如果检测得到某两电极间电阻值较大（大约 80kΩ），对调两表笔检测，然后以阻值较小（大约 2kΩ）的那次检测为依据：黑表笔所接的电极为控制极 G，红表笔所接的电极为阴极 K，剩下的电极为阳极 A。

如果检测中，正向、反向电阻都很大，则需要更换电极位置重新检测。

贴片晶闸管与插孔晶闸管管芯基本相

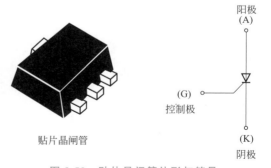

图 3-53　贴片晶闸管外形与符号

同，主要差异在于封装不同。因此，有的插孔晶闸管的检测技巧也可能适用贴片晶闸管的检测。

3.3.48 光控晶闸管电极的检测判断

光控晶闸管外形与符号如图 3-54 所示。

光控晶闸管电极的万用表判断方法与要点如下：首先把万用表调到 $R \times 1$ 挡，然后在黑表笔上串接 1～3 节 1.5V 干电池（图 3-55），再检测两引脚间的正向、反向电阻。正常的情况下，均为无穷大。用小手电筒或激光笔照射光控晶闸管的受光窗口，这时正向电阻一般是一个较小的数值，反向电阻为无穷大。以较小电阻的一次检测为依据，黑表笔所接的电极为阳极 A，红表笔所接的电极为阴极 K。

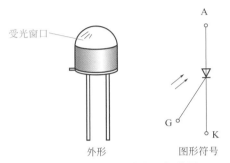

图 3-54 光控晶闸管外形与符号

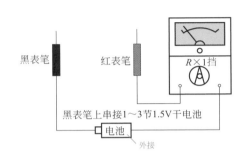

图 3-55 黑表笔上串接 1～3 节 1.5V 干电池

3.3.49 结型场效应管电极的检测判断

结型场效应管的结构特点与符号如图 3-56 所示。

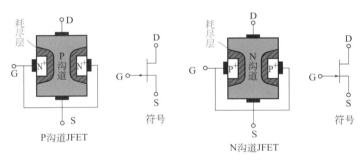

图 3-56 结型场效应管的结构特点与符号

结型场效应管电极的万用表检测判断方法与要点如下：首先确定栅极（可以选择万用表 $R \times 1k$ 挡），也就是用万用表负表笔触碰结型场效应管的一个电极，然后用正表笔依次触碰另两个电极。如果两次检测得出的阻值均很大，则说明刚才的检测均是反向电阻检测，也就是说明所检测的结型场效应管属于 N 沟道场效应管，负表笔接的是栅极。如果两次检测得出的阻值均很小，则说明均是正向电阻检测，也就是说明所检测的结型场效应管属于 P 沟道场效应管，负表笔所接的是栅极。

3.3.50 贴片结型场效应管好坏的检测判断

贴片结型场效应管（图 3-57）好坏的万用表检测判断的方法与要点如下：万用表的红

表笔、黑表笔对调检测 G、D、S，除了黑表笔接漏极 D、红表笔接源极 S 有阻值外，其他接法检测均没有阻值。如果检测得到某种接法的阻值为 0，则使用镊子或表笔短接 G、S，然后检测。正常情况下，N 沟道电流流向为从漏极 D 到源极 S（高电压有效），P 沟道电流流向为从源极 S 到漏极 D（低电压有效）。

图 3-57　贴片结型场效应管

3.3.51　MOS 管电极的检测判断

绝缘栅场效应管简称 MOS 管。MOS 管电极的万用表检测判断方法与要点如下：首先把万用表调到 $R \times 100$ 或者 $R \times 10$ 挡，检测确定栅极。如果一引脚与其他两脚的电阻均为无穷大，则说明该脚为栅极 G（图 3-58）。交换表笔重新检测，正常情况下，源极与漏极（S-D）间的电阻值应为几百欧姆到几千欧姆。然后以其中阻值较小的那一次为依据，黑表笔所接的电极为漏极 D，红表笔所接的电极是源极 S。

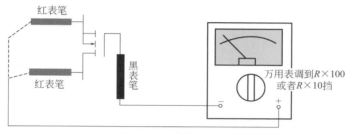

红表笔

红表笔

黑表笔

万用表调到 $R \times 100$ 或者 $R \times 10$ 挡

图 3-58　确定栅极 G

当判断出栅极 G 后，也可以采用下面方法来判断其他哪个引脚是漏极 D 极，哪个引脚是源极 S。栅极 G 判断后，再把万用表调到 $R \times 10$ 挡，分别测量漏极 D 与源极 S 间的正、反向电阻，其中以测得阻值较大值为依据，用黑表笔与栅极 G 接触一下，然后再恢复原状。在此过程中，红表笔应始终与管脚相触，这时万用表的读数会出现以下两种情况。

① 如果万用表读数没有明显变化，仍为较大值，这时应把黑表笔与引脚保持接触，然后移动红表笔与栅极 G 相碰，之后返回原引脚。此时如果阻值由大变小，则黑表笔所接的管脚为源极 S，红表笔所接的管脚为漏极 D。

② 如果读数由大变小，说明万用表黑表笔所接的管脚为漏极 D，红表笔所接的管脚为源极 S。

3.3.52　MOS 管好坏的检测判断

对于一些 MOS 管，栅极内没有电压钳位的开关管，也就是栅极内部没有防静电保护电路。检测判断中，应注意周围 2m 内无高压设备，采用 1.5V 供电的欧姆表的 $R \times 1$ 或 $R \times 1k$ 挡来检测也可。具体操作要点如下：首先把指针万用表调到 $R \times 1$ 挡，然后检测栅极对漏极、栅极对源极的阻值，一般均为无穷大。检测后，用镊子将栅源极短路 10s 以上，再检测漏极、源极的正向、反向电阻。红表笔接漏极、黑表笔接源极时，一般为低电阻。把表笔反接检测，一般为无穷大。如果用 $R \times 1$ 挡检测 N 沟道 MOS 管时，红表笔接漏极、黑表笔接源极，一般电阻为 18～28Ω。如果用 $R \times 1k$ 挡检测 N 沟道 MOS 管时，红表笔接漏极、黑表笔接源极，一般电阻为 2～5kΩ。如果把表笔对调检测，一般近似为无穷大。

检测 P 沟道 MOS 管的正常情况则与上述相反。

3.3.53　大功率场效应晶体管好坏的检测判断

大功率的场效应晶体管压降值为 0.4～8V，大部分在 0.6V 左右。因此，可以采用数字万用表检测大功率场效应晶体管压降值来判断：损坏的场效应晶体管一般为击穿短路损坏，各引脚间呈短路状态。用数字万用表二极管挡（图 3-59）检测其各引脚间的压降值为 0V 或蜂鸣，是损坏的标识。

图 3-59　数字万用表二极管挡

3.3.54　集成电路好坏的检测判断

集成电路好坏的电阻检测法是通过测量集成电路各引脚对地正反直流电阻值和正常参考数值比较，以此来判断集成电路好坏的一种方法。该方法分为在线电阻检测法、非在线电阻检测法两种。

集成电路观察法的判断

① 在线电阻检测法是指集成电路与外围元器件保持相关电气连接的情况下所进行的直流电阻检测的方法。它最大的优点就是无须把集成电路从电路板上焊下来。

② 非在线电阻检测法是指对裸集成电路的引脚间的电阻值的测量，特别是对其他引脚跟其接地引脚间的测量。它最大的优点是使受外围元器件对测量的影响这一因素得以消除。

集成电路在没有装入电路板前的检测一般是采用万用表欧姆挡来进行，检测各引脚与接地引脚间的阻值。

3.4　电子电路的检修

3.4.1　电路元器件失效模式

电路元器件失效模式如图 3-60 所示。

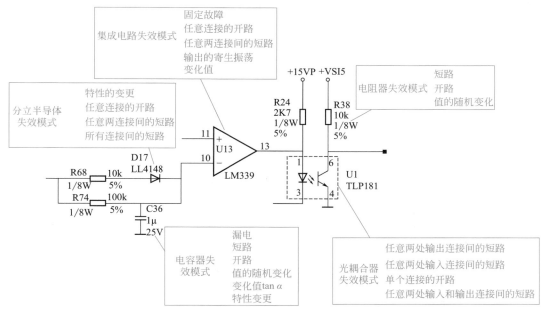

图 3-60　电路元器件失效模式

3.4.2　电子电路的检查方法

电子电路的检查方法有直观法、试听法、电阻法、电压法、电流法、干扰法、对比法、旁路法、信号寻迹检查法、分割法、波形法、接触法、代换法、短路法、断路法等。常见检查方法的特点如图 3-61 所示。

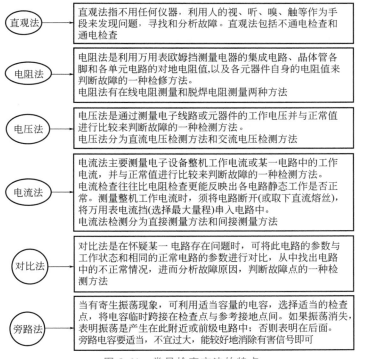

图 3-61　常见检查方法的特点

3.4.3 电水壶（电水煲）的检修

电水壶是一种能够快速加热水到沸腾的电器。根据结构，电水壶可以分为旋转式电水壶、直插式电水壶等。

电水壶（电水煲）的结构图如图 3-62 所示。旋转式电水壶一般由壶座、壶体两部分组成。壶座一般由电源线、圆形座盘、旋转式三环电源连接器等组成。壶体一般是由盖、手柄、不锈钢加热容器、加热器、调温器、加热指示灯等组成。目前的一些电水壶很多是采用三环式电源连接器，因此，壶体可以任意方向加热。

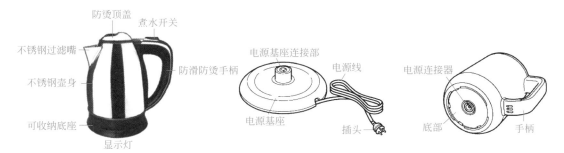

图 3-62　电水壶（电水煲）的结构图

分体式电热水壶一般是由电源线底座、壶体、蒸汽导管、壶身一体发热盘、蒸汽开关、95℃的控温器、指示灯等组成。

一些电热水壶电路的识读与检修如图 3-63 所示。

某些电水壶电路工作原理识读如下：220V 市电通过底座与壶底环型接插件、防干烧温控器、烧水开关加到加热丝及通电指示氖泡两端。当按下把手上部烧水开关后，加热丝加热，同时氖泡亮，指示水壶处于烧水状态。设定温度到后，烧水开关弹起，切断供电，烧水结束。

双金属片感温后产生反方向变形。当变形量达到最大值时产生反作用力，触杆动作使两对触点起跳，强制电路断开电源，起到干烧即断电的作用。待壶体冷却到室温，双金属片的

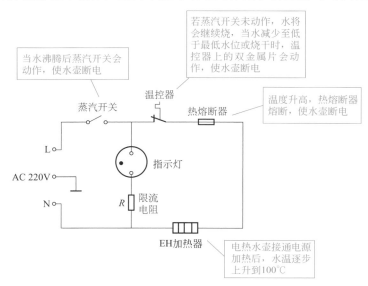

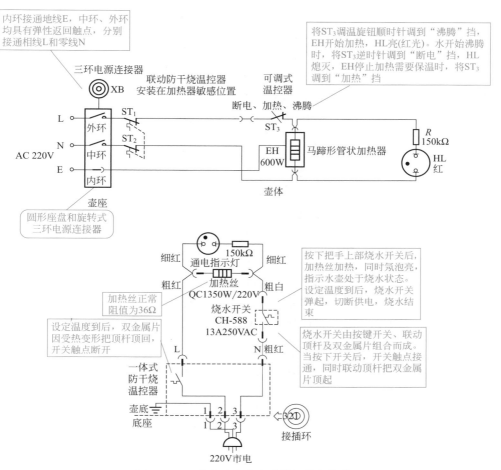

图 3-63　一些电热水壶电路的识读与检修

触点自动复位，重新注水即可恢复正常使用。

电水壶的故障检修见表 3-11。

表 3-11　电水壶的故障检修

故障现象	检修原因	检修故障排除
不通电,不工作	无水干烧,进入干烧保护功能	需要加水
不通电,底板不热	检查发热盘/管是否发紫,如果存在发紫现象,则说明属于干烧损坏	需要检查发热盘/管、干烧保护器、蒸汽开关、熔断保护器等
不通电,底板不热	电路接线异常	需要恢复接线正常
电水壶放于底座,没有声音且按键灯不亮	没有完全连接底座	需要完全连接底座
加热时噪声大,水没有沸腾就断电	调温器接触不良或损坏	维修或更换调温器
漏电	水珠进入电源连接器	需要进行干燥处理
漏水	壶胆或蒸汽管漏水	需要更换壶胆或用 704 密封胶堵漏
能加热,指示灯不亮	电阻断路	更换电阻

故障现象	检修原因	检修故障排除
水烧开了,电水壶不自动断电	水壶烧煮其他液体,损坏了蒸汽开关	需要更换蒸汽开关
水烧不开	防干烧温控温度偏低动作	需要更换温控上座
水烧开不断电	蒸汽通道堵塞	需要检查蒸汽通道,保证通道畅通
指示灯不亮,不加热	壶座或壶体内部导线松脱或断路	需要重新接牢,或更换导线接牢
指示灯亮,不加热	加热器烧坏	需要更换同规格加热器
指示灯亮,但不加热	发热盘损坏	需要更换钢胆

3.4.4 电饭煲(电饭锅)的检修

电饭锅又称为电饭煲,其主要用途是煮饭,同时又有做汤,煮、炖补品等功能。

常见的电饭煲有自动电饭煲、普通电饭煲等类型。其中,自动电饭煲是利用了微电脑模糊控制技术。普通电饭煲则是利用了机械控制。

普通电饭煲主要由发热盘、限温器、杠杆开关、保温开关、限流电阻、指示灯、插座等组成。普通电饭煲的电路形式与识读如图 3-64 所示。

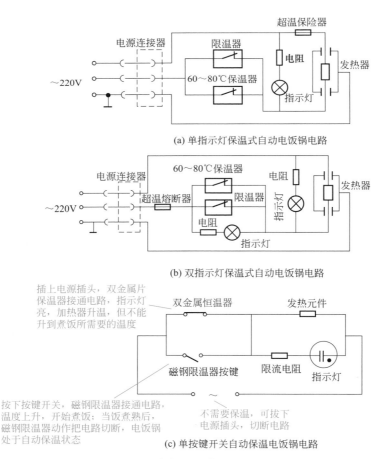

(a) 单指示灯保温式自动电饭锅电路

(b) 双指示灯保温式自动电饭锅电路

(c) 单按键开关自动保温电饭锅电路

图 3-64 普通电饭煲的电路形式与识读

自动电饭煲（锅）电路工作原理与工作过程的解读见表 3-12。

表 3-12　自动电饭煲（锅）电路工作原理与工作过程的解读

功能	工作原理与工作过程解读
煮饭	插上自动电饭煲（锅）的电源线，然后按下煮饭按钮，磁钢限温器吸合，带动磁钢杠杆，使微动开关从断开状态转为闭合状态，从而接通电热盘的电源，电热盘上电发热。热盘与内锅充分接触，热量传导到内锅，内锅把相应的热量传导到米、水，从而使米、水受热升温到沸腾。水的沸腾温度是 100℃，为了维持沸腾，这时磁钢限温器温度达到平衡，维持沸腾一段时间后，内锅里的水基本被米吸干，而且锅底部的米粒有可能连同糊精粘到锅底形成一个热隔离层。因此，内锅底部会以较快的速度，由 100℃ 上升到 103℃±2℃，相应磁钢限温器温度从 110℃ 上升到 145℃ 左右，热敏磁块感应到相应温度，失去磁性不吸合，从而推动磁钢连杆机构带动杠杆支架，并且把微动开头从闭合转为断开状态，也就是断开电热盘的电源，进而实现电饭煲（锅）的自动限温 　　自动电饭煲（锅）进入保温状态，焖饭大概 10min 后，即可食用
保温	电饭煲（锅）煮好米饭后，即刻进入保温过程。随着时间推移，米饭的温度下降，双金属片温控器的温度会随着下降。双金属片温控器温度下降到 54℃ 左右时，双金属片会恢复原形，其触点导通，从而使电热盘通电发热，温度上升。双金属片温控器温度达到大概 69℃，双金属片温控器断开，温度则又下降。然后重复上述过程，实现电饭煲（锅）的自动保温控制功能
煮粥（煲汤）	有的电饭煲（锅）煮粥（煲汤）采用双发热管加热，以及通过温度开关感应水的温度，从而实现大小功率的转换，即实现开始大功率加热，水接近沸腾后转换为小功率加热的控制特点，也就是实现煮粥（煲汤）的功能

电饭煲（锅）的故障检修见表 3-13。

表 3-13　电饭煲（锅）的故障检修

故障现象	原因与检修故障排除
按键按下去后，立即弹起，无法煮饭	（1）磁钢（限温器）安装错位，顶住杠杆，需要调整磁钢 （2）杠杆问题。杠杆在安装时变形，需要调整杠杆
不能煮饭	（1）可能是电源导线断路。可以用万用表的欧姆挡来检查电源导线的同根线的两端头是否断路：如果检测数值为 0，则说明电源导线是好的；如果检测数值为无穷大，则说明电源导线断路了 （2）可能是限流电阻熔断。可以用万用表的欧姆挡来检查该电阻：检测数值为无穷大，则说明该电阻熔断。代换时，需要用同型号的限流电阻来代替，不能够直接用导线来代替 （3）可能是发热管烧断了。可以用万用表的欧姆挡来检查发热管：检测数值为无穷大，则说明该发热管烧断了。没有限流电阻的电饭煲长时间工作，容易烧断发热管。代换时，需要连同发热盘一起更换
饭煮不熟，或煮饭时间太长	（1）电热盘变形，如果是轻微变形，可以用细砂纸打磨。如果严重变形，需要更换 （2）内锅变形，需要更换内锅 （3）内锅与电热盘间存在异物，可以用细砂纸清除干净 （4）如果内锅变形，则把内锅轻轻转动到平稳
饭煮糊	（1）保温时间过长，导致饭糊 （2）磁钢、杠杆联动机构失灵，不能断电，导致一直加热糊饭 （3）内胆磕碰变形，导致受热效果不好 （4）煮饭量过多，米里的糊精在锅底糊结在一起，导致糊锅
烧保险	（1）电饭煲电源插座内进水、进米汤，造成短路。需要将插座内吹干水分后继续使用 （2）电饭煲电源插座或插头长期使用，其表面碳化造成短路。这种情况，可以用细砂纸将其表面碳化层磨掉，并用酒精擦干净即可 （3）锅底、电热盘异物导致传热不良 （4）内锅变形、内锅挂锅导致传热不良

故障现象	原因与检修故障排除
指示灯亮,发热盘不工作	(1)发热盘部分连接线异常或连接错误等原因引起的 (2)可能是接线松脱、电热管元件烧坏等原因引起的
煮饭(粥)溢出	(1)部分产品防溢性稍差引起的 (2)上盖热敏电阻感温不良引起的 (3)温度开关感温不良引起的
煮好饭后,不能保温	保温开关的常闭触点表面脏污、烧蚀,使其触点接触电阻过大,造成触点闭合而电路不通,发热管不发热,电饭煲不能保温。该种情况,可以用细砂纸把触点表面清理干净后,再镀上一层锡。如果仍不能够保温,则可能需要更换保温开关
煮夹生饭	限温器内的永久磁环磁力减弱造成的。如果永久磁环断裂,则需要更换相同型号的限温器。如果吸力减小,则可以调节限温器上的调温螺钉,每次调节1/4圈,调节一次试煮饭一次,直到达到要求即可
煮焦饭	(1)磁钢不良或主温控器损坏引起的 (2)磁钢杠杆动作不良引起的(机械煲) (3)电路板损坏引起的(电子电脑煲) (4)双金属片动作不良引起的(机械煲) (5)涂层破坏引起的 (6)微动开关不良引起的(机械煲)

第 **4** 章

低压电气电路的基础

4.1 电气图的类型与电路回路

4.1.1 电气图(表)的类型

电气图是用电气图形符号、带注释的围框、简化外形来表示电气系统或设备组成部分间相互关系、连接关系的一种图(表)。电气图也包括文字、表格。

电气图(表)的一些类型见表 4-1。

表 4-1 电气图(表)的一些类型

名称	解 说
程序图	程序图又称为程序流程图、程序框图,其是用统一规定的标准符号描述程序运行的具体步骤的一种图形表示。程序图可以详细表示程序单元与程序分支间的关系
单元接线表	单元接线表是表示成套装置或设备中一个结构单元内的连接关系的一种接线表
单元接线图	单元接线图是表示成套装置或设备中一个结构单元内的连接关系的一种接线图
等效电路图	等效电路图能够实际反映电路中的理想元器件连接关系,以便于分析、计算的理想电路
电费配置表	电费配置表是提供电缆两端位置,必要时还包括电费功能、特性、路径等信息的一种接线表
电费配置图	电费配置图是提供电缆两端位置,必要时还包括电费功能、特性、路径等信息的一种接线图
电路图	电气原理图,简称为电路图,其是用标准的电气符号来反映电路间的原理、分析电路的作用、计算电路的属性,但是却不用考虑安装位置的一种电气图。电路图能够充分表达电气设备、电器元件的用途、作用、工作原理,是电气线路安装、施工、调试、检修的理论依据
电气安装接线图	电气安装接线图是根据电气设备、电气元件的实际位置与安装情况绘制而成,用来表示电气设备与电气元件的位置、配线方式、接线方式,而不明显表示电气动作原理的一种图。电气安装接线图主要用于安装施工接线、线路检修
端子功能图	端子功能图是表示功能单元全部外接端子的一种图,常用文字或字母来表示
端子接线表	端子接线表是表示成套装置或设备的端子,以及接在端子上的外部接线(必要时包括内部接线)的一种接线表
端子接线图	端子接线图是表示成套装置或设备的端子,以及接在端子上的外部接线(必要时包括内部接线)的一种接线图
功能表	功能表只是用来表示理想或者是理论电路的作用,是为绘制电路图或者其他图纸提供参考依据的一种表

名称	解说
功能图	功能图是用来表示控制系统的作用或者状态的一种电气图
互连接线表	互连接线表是表示成套装置或设备的不同单元间连接关系的一种接线表
互连接线图	互连接线图是表示成套装置或设备的不同单元间连接关系的一种接线图
接线表	接线表是表示装置与设备或装置之间的连接关系,用以进行安装、施工、检修的一种表格
接线图	接线图是接线时参考用的。一些接线不需要了解其原理,只要各接线相互对应好即可
逻辑图	逻辑图主要是用二进制逻辑与或非等逻辑单元符号绘制的一种简图
平面布置图	平面布置图是根据设备(或电器元件)在现场(或控制板上)的实际安装位置,采用简化的外形符号而绘制的一种简图
设备元件表	设备元件表是把成套装置中各组成部分与相应数据列成的表格
数据单	数据单是对特定项目给出详细信息的资料
位置图	位置图是表示成套装置、元器件在各个项目中所处的位置
系统图或系统框图	系统框图是用框以及缩略框架来表示电气系统或者各设备间的一种组织结构、组成成分、控制框架等相互关系的一种电气图

4.1.2 二次回路与一次回路

许多电气电路的回路,可以分为一次回路与二次回路。

电气电路一次回路,又叫作一次侧、主电路。电气电路二次回路,又叫作二次侧、控制电路。

一次设备,又叫作主设备。一次设备包括变压器、断路器、发电机、隔离开关、自动开关、接触器、刀开关、电动机、母线、输电线路、电力电缆、电抗器等。一次设备是指直接生产、输送、分配电能的高压电气设备。一次回路是指由一次设备相互连接,构成发电、变电、输电、配电或进行其他生产的电气回路。

电气二次回路的定义与分类如图4-1、图4-2所示。其中,二次设备包括继电器、控制开关、控制电缆、熔断器等。二次设备是指对一次设备的工作进行监测、控制、调节、保

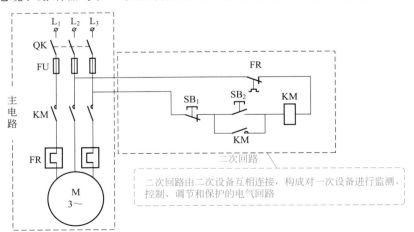

图 4-1 电气二次回路的定义

护，以及为运行、检修人员提供运行工况或生产指挥信号所需的一些低压电气设备。

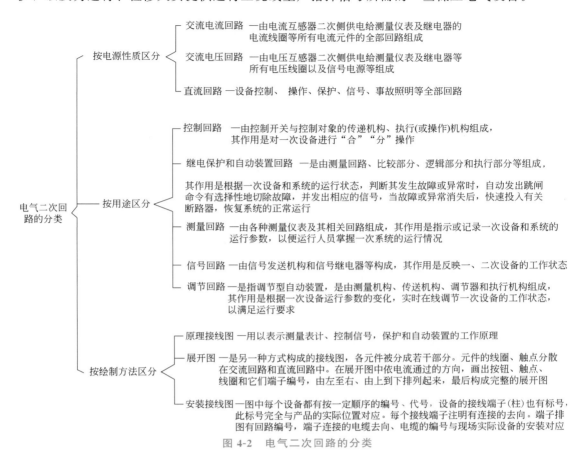

图 4-2　电气二次回路的分类

📝 小结

对于一次回路与二次回路可以这么来理解：

① 主设备、主动力线路上直接的回路一般是一次回路。围绕一次回路属于辅助系统、辅助功能的回路一般是二次回路。

② 只要直接与标注 U、V、W，L_1、L_2、L_3，A、B、C 的三根电源线连接的大电流设备的回路一般是一次回路。只要与小电流连接的设备的回路一般是二次回路。

③ 一次回路与二次回路，注意也有相同电压的情况。

4.1.3　一次回路设备常见符号

一次回路设备常见符号如图 4-3 所示。因此，看到这些符号所在的回路，则说明该回路可能就是一次回路。

4.1.4　电气二次回路中的常态、励磁与动作

电气二次回路中的常态、励磁与动作的特点如图 4-4 所示。

图 4-3　一次回路设备常见符号

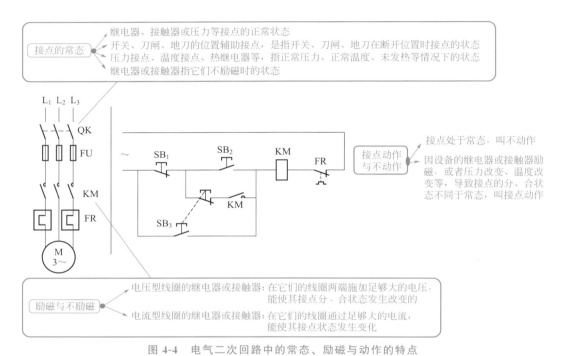

图 4-4　电气二次回路中的常态、励磁与动作的特点

4.2　低压电器的基础与常识

4.2.1　低压电器的特点与功能作用

如果分不清楚低压电器的具体区别联系、特点功能、结构外形、符号表达等基础常识，则怎么能谈如何选择合适的低压电器呢？又怎么能谈如何识读这些低压电器的相关电气图呢？为此，电工要想掌握电路的识图、安装、施工与检修技能，则需要掌握低压电器的基础与常识。

为了安全、可靠地使用电能，电路中必须装有各种起调节、分配、控制、保护等作用的电气设备。这些电气设备统称为电器。从生产或使用的角度，电器可以分为高压电器、低压电器。有关低压电器的定义如图 4-5 所示。

低压电器在电路中的作用是根据外界信号或要求，自动或手动接通、分断电路，连续或断续地改变电路状态，对电路进行切换、控制、保护、检测、调节等操作。

4.2.2　低压电器的分类与代号、符号

低压电器的种类多，分类的方式也有几种，常见分类见表 4-2。

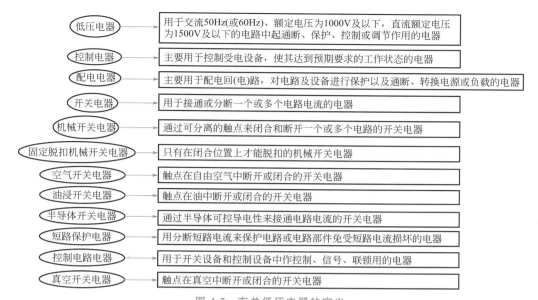

图 4-5　有关低压电器的定义

表 4-2　低压电器的常见分类

依据	类型	解　说
工作原理	电磁式电器	电磁式电器就是依据电磁感应原理来工作的一类电器。电磁式低压电器，一般是具有两个基本组成部分，也就是感测部分、执行部分。电磁式电器包括各种类型的电磁式继电器、接触器等
	非电量控制电器	非电量控制电器就是依靠外力或某种非电物理量的变化而动作的一类电器。该类电器包括行程开关、按钮、刀开关、速度继电器、温度继电器等
操作方式	自动电器	自动电器就是通过电磁或压缩空气做功来完成接通、分断、启动、反向、停止等动作的一类电器。该类电器包括继电器、接触器等
	手动电器	手动电器就是通过人力做功来完成接通、分断、启动、反向、停止等动作的一类电器。该类电器包括转换开关、刀开关、主令电器等
用途、控制对象	用于低压电力网的配电电器	对配电电器的主要技术要求有断流能力强、限流效果在系统发生故障时保护动作准确、可靠工作，以及要有足够的热稳定性、动稳定性等特点。该类电器包括转换开关、空气断路器、刀开关、熔断器等
	用于电力拖动、自动控制系统的控制电器	对控制电器的主要技术要求有操作频率高、寿命长，以及要有相应的转换能力。该类电器包括启动器、接触器、各种控制继电器等

4.2.3　低压电器通用型号组成形式

低压电器通用型号组成形式如图 4-6 所示。

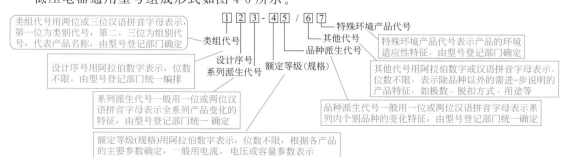

图 4-6　低压电器通用型号组成形式

低压电器产品型号类组代码见表4-3。

表4-3 低压电器产品型号类组代码

类别代号及名称	第一位组别代号及名称																							第二位组别代号及名称									
	A	B	C	D	E	F	G	H	J	K	L	M	N	P	Q	R	S	T	U	W	X	Y	Z	D	G	J	L	R	S	T	X	Z	H
H 空气式开关，隔离器，隔离开关及熔断器组合电器				隔离器			熔断器式隔离器	开关熔断器组（负荷开关）			隔离开关					熔断器式隔离器开关	转换隔离开关				旋转式开关	其他开关	组合开关										
R 熔断器								汇流排式			螺旋式	密闭管式				半导体件保护（快速）		有填料封闭管式			熔断器	信号自复器							半导体件保护（快速）	可通信	限流		
D 断路器		控制与保护开关电器												平面						万能式		其他	塑料外壳式				漏电		快速			直流	
K 控制器							鼓形							平面				凸轮				其他				交流			时间	可通信		直流	
C 接触器					固态		高压		交流	真空		灭磁	中频				时间					其他	直流		高压	交流				可通信		直流	混合式（无弧）
Q 启动器		电磁式							减压							软	手动		油浸	无触点	星三角	其他综合			高压交流								混合式（无弧）

| 类别代号及名称 | | 第一位组别代号及名称 | | | | | | | | | | | | | | | | | | | | | | 第二位组别代号及名称 | | | | | | | | | |
代号	名称	A	B	C	D	E	F	G	H	J	K	L	M	N	P	Q	R	S	T	U	W	X	Y	Z	D	G	J	L	R	S	T	X	Z	H
J	控制继电器			可编程	漏电							电流			频率		热	时间	通用		温度		其他中间										
L	主令电器	按钮									接近开关	主令控制器								主令开关	足踏开关	万能转换开关	行程开关	超速开关										
Z	电阻器变阻器			旋臂式									励磁			频敏启动器		非线性电力				液体电阻启动器												
T	自动转换开关电器									接触器式						一体式						万能断路器式		塑壳断路器式							可通信		智能型	
B	总线电器																		接口															
M	电磁铁											电铃					牵引					启动		液压制动					交流				推动器		直流	
P	组合电器																							终端										
A	其他	保护器		插座	信号灯				电涌保护器(过电压保护器)	接线盒	交流接触器、节电器										电子模数化电能表	电子消弧器	数字化电能表		多功能电子式								
F	辅助电器					导线分流器				接线端子排																			交流漏电	热			可通信		直流	

4.2.4 低压电器企业产品型号组成形式

低压电器企业产品型号组成形式如图 4-7 所示。

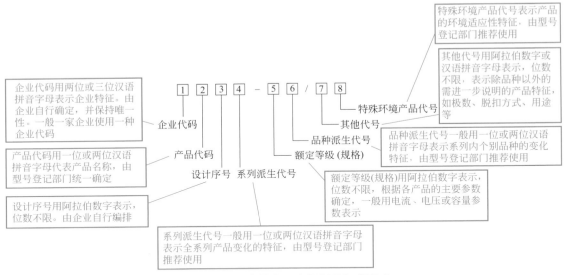

图 4-7 低压电器企业产品型号组成形式

低压电器企业产品型号派生代号见表 4-4。特殊环境产品代码见表 4-5。

表 4-4 低压电器企业产品型号派生代号

派生代号	代表意义
C	插入式、抽屉式
E	电子式
J	交流、防溅式、节电型
L	电流的、折板式、剩余电流动作保护、单独安装式
F	高返回、带分励脱扣、多纵缝灭弧结构式、防护盖式
K	开启式
H	保护式、带缓冲装置
M	灭磁、母线式、密封式、明装式
Q	防尘式、手车式、柜式
X	限流
T	可通信、内置式通信接口
Z	直流、防振、正向、重任务、自动复位、组合式、中性接线柱式、智能型
W	失压、无极性、外销用、无灭弧装置、零飞弧
N	可逆、逆向
S	三相、双线圈、防水式、手动复位、三个电源、有锁住机构、塑料熔管式、保持式、外置式通信接口
P	单相、电压的、防滴式、电磁复位、两个电源、电动机操作

表 4-5　特殊环境产品代码

代号	代表意义
G	高原型
TH	湿热带产品
TA	干热带产品

低压电器企业产品名称代码见表 4-6。

表 4-6　低压电器企业产品名称代码

名称	代码	名称	代码
控制与保护开关电器、控制器	K	塑料外壳式断路器	M
行程开关、微动开关	X	万能式断路器	W
自动转换开关电器	Q	真空断路器	V
熔断器	F	开关、开关熔断器组、熔断器式刀开关	H
小型断路器	B	隔离器、隔离开关等	G
剩余电流动作断路器	L	电磁启动器	CQ
电涌保护器	U	手动启动器	S
终端组合电器	P	交流接触器	C
终端防雷组合电器	PS	热继电器	R
漏电继电器	JD	电动机保护器	D
插头、插座	A	万能转换开关	Y
通信接口、通信适配器	T	按钮、信号灯	AL
电量监控仪	E	电流继电器、时间继电器、中间继电器	J
过程 IO 模块	I	软启动器	RQ
通信接口附件	TF	接线端子	JF

4.2.5　电气设备图形符号

掌握电气设备图形符号，使在看图识图时轻松无压力。常见电气设备图形符号如图 4-8 所示。

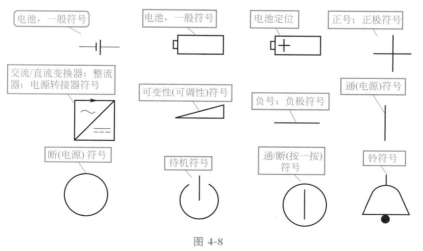

图 4-8

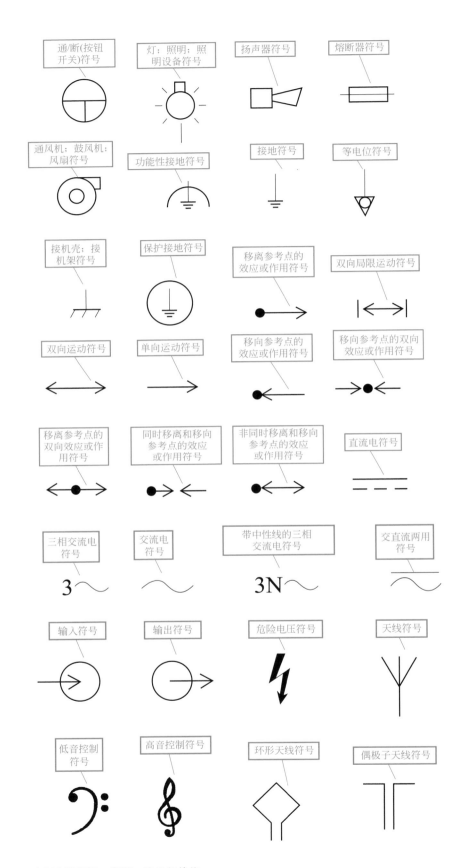

通/断(按钮开关)符号

灯；照明；照明设备符号

扬声器符号

熔断器符号

通风机；鼓风机；风扇符号

功能性接地符号

接地符号

等电位符号

接机壳；接机架符号

保护接地符号

移离参考点的效应或作用符号

双向局限运动符号

双向运动符号

单向运动符号

移向参考点的效应或作用符号

移向参考点的双向效应或作用符号

移离参考点的双向效应或作用符号

同时移离和移向参考点的效应或作用符号

非同时移离和移向参考点的效应或作用符号

直流电符号

三相交流电符号

交流电符号

带中性线的三相交流电符号

交直流两用符号

$3\sim$

$3N\sim$

输入符号

输出符号

危险电压符号

天线符号

低音控制符号

高音控制符号

环形天线符号

偶极子天线符号

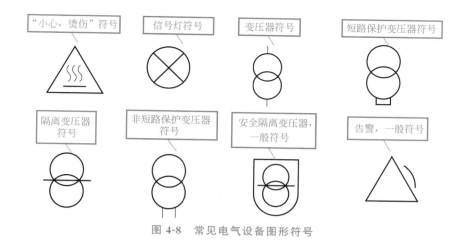

图 4-8　常见电气设备图形符号

4.2.6　电气设备项目字母代码（文字符号）

电气设备文字符号分为基本文字符号、辅助文字符号。基本文字符号包括单字母或双字母。基本文字符号、辅助文字符号的特点如图 4-9 所示。

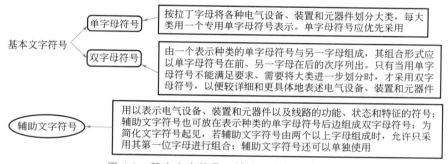

图 4-9　基本文字符号、辅助文字符号的特点

电气设备常用基本文字符号见表 4-7。电气设备常用辅助文字符号见表 4-8。

表 4-7　电气设备常用基本文字符号

设备、装置和元器件种类	名称	基本文字符号	
		单字母	双字母
组件 部件	分离元件放大器 激光器 调节器	A	
	电桥		AB
	晶体管放大器		AD
	集成电路放大器		AJ
	磁放大器		AM
	电子管放大器		AV
	印刷电路板		AP
	抽屉柜		AT
	支架盘		AR

设备、装置和元器件种类	名称	基本文字符号	
		单字母	双字母
非电量到电量变换器或电量到非电量变换器	热电传感器 热电池 光电池 测功计 晶体换能器 送话器 拾音器 扬声器 耳机 自整角机 旋转变压器 模拟和多级数字变换器或传感器（用作指示和测量）	B	
	压力变换器		BP
	位置变换器		BQ
	旋转变换器（测速发电机）		BR
	温度变换器		BT
	速度变换器		BV
电容器	电容器	C	
二进制元件 延迟器件 存储器件	数字集成电路和器件 延迟线 单稳态元件 磁芯存储器 寄存器 磁带记录机 盘式记录机	D	
其他元器件	本表其他地方未规定的器件	E	
	发热器件		EH
	照明灯		EL
	空气调节器		EV
保护器件	过电压放电器件避雷器	F	
	具有瞬时动作的限流保护器件		FA
	具有延时动作的限流保护器件		FR
	具有延时和瞬时动作的限流保护器件		FS
	熔断器		FU
	限压保护器件		FV

设备、装置和元器件种类	名称	基本文字符号	
		单字母	双字母
发生器 发电机 电源	旋转发电机 振荡器	G	
	发生器		GS
	同步发电机		
	异步发电机		GA
	蓄电池		GB
	旋转式或固定式 变频机		GF
信号器件	声响指示器	H	HA
	光指示器		HL
	指示灯		HL
继电器 接触器	瞬时接触继电器	K	KA
	瞬时 有或无继电器		KA
	交流继电器		KA
	闭锁接触继电器 （机械闭锁或永磁 铁式有或无继电器）		KL
	双稳态继电器		KL
	接触器		KM
	极化继电器		KP
	簧片继电器		KR
	延时 有或无继电器		KT
	逆流继电器		KR
电感器 电抗器	感应线圈 线路陷波器 电抗器 （并联和串联）	L	
电动机	电动机	M	
	同步电动机		MS
	可做发电机或电 动机用的电机		MG
	力矩电动机		MT
模拟元件	运算放大器 混合模拟/数字器件	N	

设备、装置和元器件种类	名称	基本文字符号	
		单字母	双字母
测量设备试验设备	指示器件 记录器件 积算测量器件 信号发生器	P	
	电流表		PA
	(脉冲)计数器		PC
	电度表		PJ
	记录仪器		PS
	时钟、操作时间表		PT
	电压表		PV
电力电路的开关器件	断路器	Q	QF
	电动机保护开关		QM
	隔离开关		QS
电阻器	电阻器	R	
	变阻器		
	电位器		RP
	测量分路表		RS
	热敏电阻器		RT
	压敏电阻器		RV
控制、记忆、信号电路的开关器件选择器	拨号接触器 连接级	S	
	控制开关		SA
	选择开关		SA
	按钮开关		SB
	机电式有或无传感器 (单级数字传感器)		
	液体标高传感器		SL
	压力传感器		SP
	位置传感器(包括接近传感器)		SQ
	转数传感器		SR
	温度传感器		ST
变压器	电流互感器	T	TA
	控制电路电源用变压器		TC
	电力变压器		TM
	磁稳压器		TS
	电压互感器		TV

设备、装置和元器件种类	名称	基本文字符号	
		单字母	双字母
电子管 晶体管	气体放电管 二极管 晶体管 晶闸管	V	
	电子管		VE
	控制电路用电源的整流器		VC
传输通道 波导 天线	导线 电缆 母线 波导 波导定向耦合器 偶极天线 抛物天线	W	
端子 插头 插座	连接插头和插座 接线柱 电缆封端和接头 焊接端子板	X	
	连接片		XB
	测试插孔		XJ
	插头		XP
	插座		XS
	端子板		XT
电气操作的 机械器件	气阀	Y	
	电磁铁		YA
	电磁制动器		YB
	电磁离合器		YC
	电磁吸盘		YH
	电动阀		YM
	电磁阀		YV
终端设备 混合变压器 滤波器 均衡器 限幅器	电缆平衡网络 压缩扩展器 晶体滤波器 网络	Z	

表 4-8　电气设备常用辅助文字符号

文字符号	名称	文字符号	名称	文字符号	名称
A	电流	ACC	加速	ASY	异步
A	模拟	ADD	附加	B BRK	制动
AC	交流	ADJ	可调	BK	黑
A AUT	自动	AUX	辅助	BL	蓝

文字符号	名称	文字符号	名称	文字符号	名称
BW	向后	L	左	RD	红
C	控制	L	低	R RST	复位
CW	顺时针	LA	闭锁	RES	备用
CCW	逆时针	M	主	RUN	运转
D	延时(延迟)	M	中	S	信号
D	差动	M	中间线	ST	启动
D	数字	M MAN	手动	S SET	置位,定位
D	降	N	中性线	SAT	饱和
DC	直流	OFF	断开	STE	步进
DEC	减	ON	闭合	STP	停止
E	接地	OUT	输出	SYN	同步
EM	紧急	P	压力	T	温度
F	快速	P	保护	WH	白
FB	反馈	PE	保护接地	YE	黄
FW	正,向前	PEN	保护接地与中性线共用	T	时间
GN	绿	PU	不接地保护	TE	无噪声(防干扰)接地
H	高	R	记录	V	真空
IN	输入	R	右	V	速度
INC	增	R	反	V	电压
IND	感应				

项目字母代码（GB/T 4728.2—2018）见表4-9。

表 4-9　项目字母代码

中文	字母代码	中文	字母代码
安全带	FN	传感器,压力	BP
安全断路器	QB	传感器,运动	BG
安全开关	QB	船用集装箱	CN
按钮开关	SF	窗户(开/关)	QQ
白炽灯	EA	窗户,逃生	FQ
保险丝	FA～FE	(电)铃	PG
泵	GP	(电)声学信号	PG
变压器	TA	电表	PG
变压器,AC/DC	TB	电池	GB
插座	XD	电动机	MA
插座(小于1kV)	XB	电动机启动器	QA
差异开关	SF	电话	TF
传感器,接近	BG	继电器	KF

中文	字母代码	中文	字母代码
继电器(开关、时间)	KF	EPROM	CF
继电器,保护	BB	二极管	RA
继电器,过载(热的)	BB	发电机	GA
加热器,电的	EB	发电机组	GA
加热丝	EB	发光二极管	PG
电流变压器	BE	阀	QM
电流测量	BE	风扇	GQ
电热器	EB	干电池	GB
电容器	CA	隔离开关	QB
电压变压器	BE	接地端子	XE
电压表	BP	接地开关	QC
电压传感器	BP	接地总线	WD
电压放大器	TL	接近传感器	BG
电压蓄电池	CM	接近开关	BG
电阻	RA	解调器	TF
调节器	TF	晶体管	KF

4.3 常见电气器件

4.3.1 交流接触器的类型、结构、原理与符号

接触器的类型如图 4-10 所示。交流接触器的工作原理如图 4-11 所示。交流接触器的结构如图 4-12 所示。

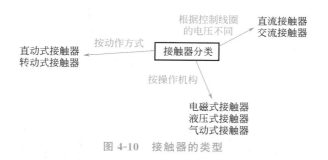

图 4-10 接触器的类型

接触器的文字符号为 KM，接触器的图形符号如图 4-13 所示。

4.3.2 熔断器的结构与符号

熔断器的结构如图 4-14 所示。
熔断器的文字符号为 FU，熔断器的图形符号与文字符号如图 4-15 所示。
熔断器和熔断器式开关的图形符号如图 4-16 所示。

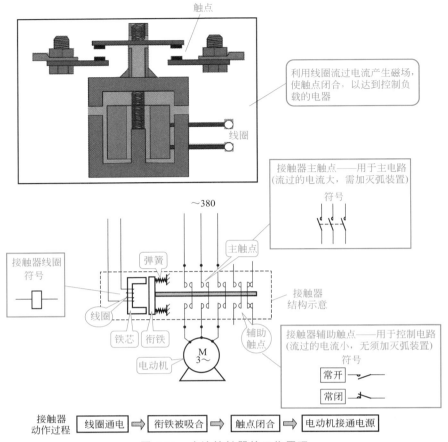

触点

利用线圈流过电流产生磁场，使触点闭合，以达到控制负载的电器

线圈

接触器主触点——用于主电路（流过的电流大，需加灭弧装置）

符号

接触器线圈符号

~380

弹簧

主触点

线圈

铁芯 衔铁

接触器结构示意

辅助触点

电动机

M 3~

接触器辅助触点——用于控制电路（流过的电流小，无须加灭弧装置）

符号

常开

常闭

接触器动作过程 线圈通电 ➡ 衔铁被吸合 ➡ 触点闭合 ➡ 电动机接通电源

图 4-11 交流接触器的工作原理

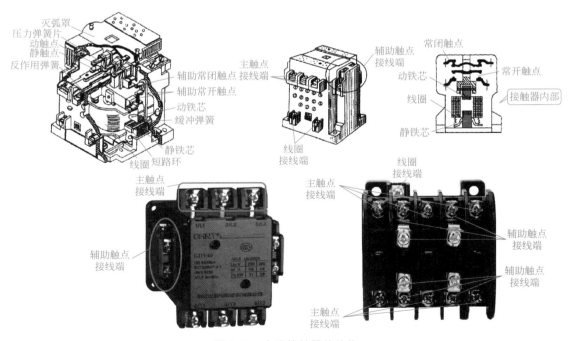

灭弧罩
压力弹簧片
动触点
静触点
反作用弹簧
辅助常闭触点接线端
辅助常开触点
动铁芯
缓冲弹簧
静铁芯
线圈短路环

主触点接线端
辅助触点接线端
线圈接线端

辅助触点接线端
常闭触点
动铁芯
线圈
静铁芯
常开触点
接触器内部

主触点接线端
辅助触点接线端

线圈接线端
主触点接线端
辅助触点接线端
辅助触点接线端
主触点接线端

图 4-12 交流接触器的结构

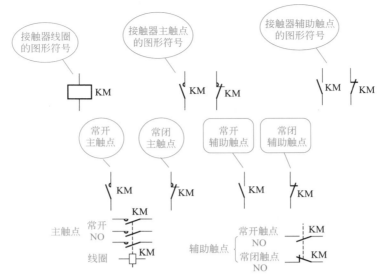

图 4-13 交流接触器的符号

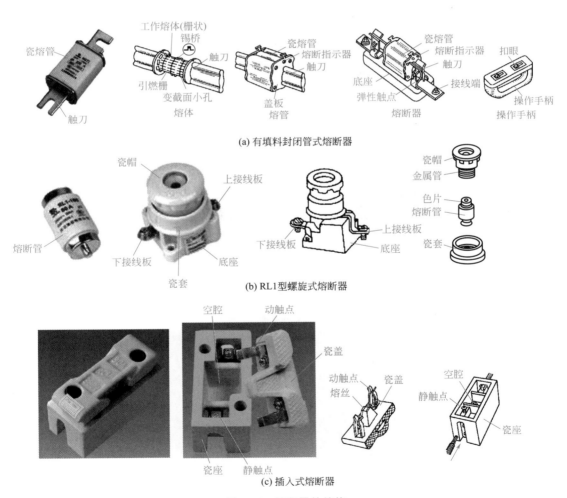

(a) 有填料封闭管式熔断器

(b) RL1型螺旋式熔断器

(c) 插入式熔断器

图 4-14 熔断器的结构

图 4-15　熔断器的图形符号与文字符号

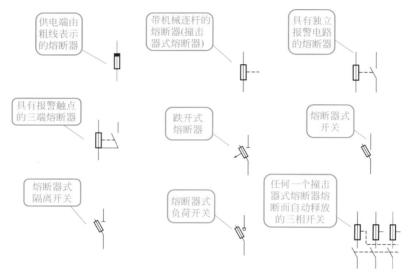

图 4-16　熔断器式开关的图形符号

4.3.3　断路器的结构与符号

断路器内部一般由触点系统、操作机构、灭弧系统、脱扣器、外壳等构成，其作用是切断、接通负荷电路，以及切断故障电路，防止事故扩大，以保证安全运行。断路器的作用，简单地讲，就是"断路"与"通路"的作用。

断路器的图形符号与文字符号如图 4-17 所示。

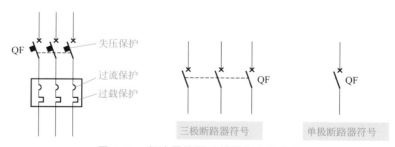

图 4-17　断路器的图形符号与文字符号

低压断路器主要用于低压配电电路非频繁通断控制，在低压电路发生短路、过载或欠电压等故障时，起自动分断电路作用。一些断路器外形如图 4-18 所示。

自动空气断路器的特点如图 4-19 所示。

图 4-18　一些断路器外形

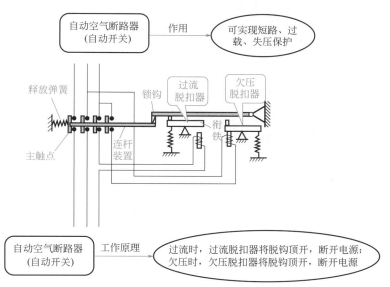

图 4-19　自动空气断路器的特点

断路器的符号组成说明见表 4-10。

表 4-10　断路器的符号组成说明

限定符号	符号要素	一般符号	断路器图形符号
✕ 断路器功能 ■ 自动释放功能 ⌐ 热效应 ⌒ 电磁效应 ------ 机械连接	功能单元	常开触点	QF 欠压保护 过流保护 过载保护

4.3.4　隔离开关与刀开关的结构与符号

相对断路器而言，隔离开关仅起到"隔离"作用。也就是说，隔离开关后面的电路有故障，则隔离开关不能够自动断开。要想隔离开关断开，则往往是手动断开电路。因此，低压隔离开关是常用以连通、切断小电流电路的一种电器。隔离电源用的低压刀开关，就是一种隔离开关。

隔离开关，突出的特点就是"隔离"，并且是断开无负荷的电流电路的"隔离"，以便使所检修的设备与电源有明显的断开点，从而保证检修人员的安全。隔离开关没有专门的灭弧装置，不能切断负荷电流与短路电流。因此，必须在断路器断开电路的情况下，才可以操作隔离开关。

隔离开关外形如图4-20所示。

隔离开关的图形符号与文字符号如图4-21所示。

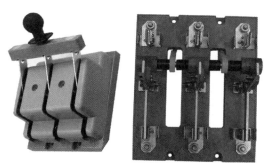

图4-20　隔离开关外形

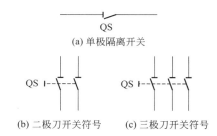

图4-21　隔离开关的图形符号与文字符号

(a) 单极隔离开关

(b) 二极刀开关符号　　(c) 三极刀开关符号

隔离开关与刀开关的区别在于：隔离开关主要是指其在电路中所起到的作用的一个统一称呼；刀开关，是指带有刀形动触点，在闭合位置与底座上的静触点相契合的一类开关，刀开关也称为隔离刀闸。起到隔离作用的刀开关，属于隔离开关。隔离开关，还包括起隔离作用的转换开关等。

单投刀开关的特点与符号如图4-22所示。

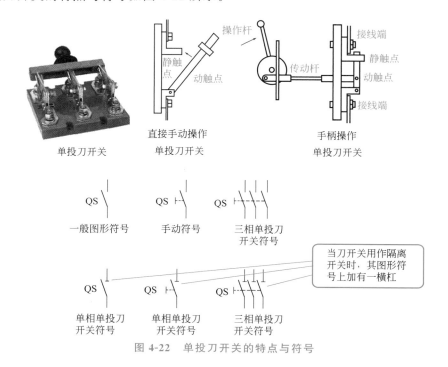

图4-22　单投刀开关的特点与符号

双投刀开关的特点与符号如图4-23所示。

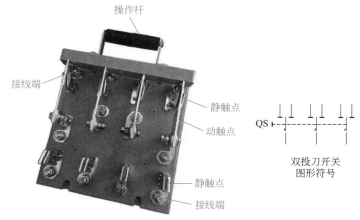

图 4-23　双投刀开关的特点与符号

熔断式刀开关的特点与符号如图 4-24 所示。

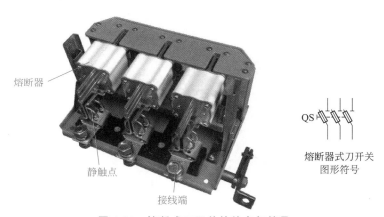

图 4-24　熔断式刀开关的特点与符号

开启式闸刀开关的特点与符号如图 4-25 所示。

> 开启式负荷开关俗称闸刀或胶壳刀开关
> 开启式负荷开关主要用作电气照明电路、
> 电热电路和小容量电动机电路的不频繁
> 控制开关以及分支电路的配电开关

图 4-25　开启式闸刀开关的特点与符号

4.3.5　按钮的类型、结构与符号

按钮是用来接通或断开"控制电路"的一种常用的控制电器。也就是说，按钮是允许很小电流通过的，但是不宜通过大电流。

按钮的种类如下。

① 常闭按钮：就是开关触点常规为接通状态的一种按钮。

② 常开按钮：就是开关触点常规为断开状态的一种按钮。

③ 常开常闭按钮：就是开关触点既有接通状态也有断开状态的一种按钮。

④ 动作点击按钮：就是一种点击类按钮。

按钮一般由按键、动作触点、复位弹簧、按钮盒等组成。按钮的电气符号为 SB。按钮的图形符号与文字符号如图 4-26 所示。

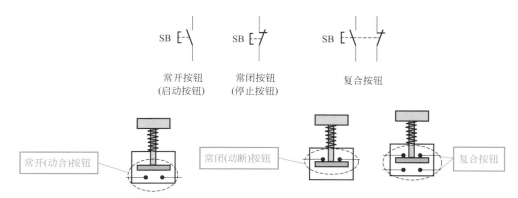

图 4-26 按钮的图形符号与文字符号

按钮的特点如图 4-27 所示。

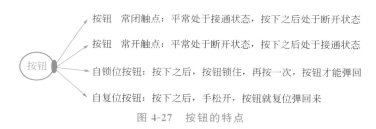

图 4-27 按钮的特点

LA 系列按钮外形如图 4-28 所示。LA 控制按钮开关，主要用于交流 50Hz、电压 380V 及直流 220V 的电磁启动器、接触器、继电器、其他电气线路中的控制。带灯式 LA 系列按钮还适用于需要灯光信号指示的场合。

图 4-28 LA 系列按钮外形

按钮颜色的选择技巧如图 4-29 所示。

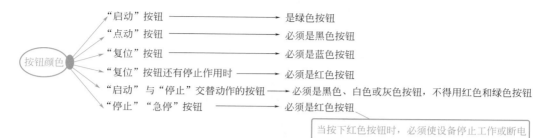

图 4-29　按钮颜色的选择技巧

4.3.6　指示灯的类型、作用与符号

指示灯的类型、作用与符号如图 4-30 所示。

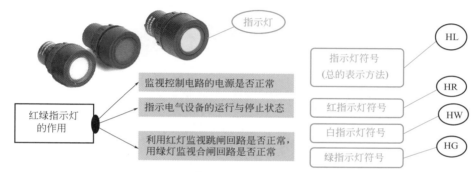

图 4-30　指示灯的类型、作用与符号

4.3.7　转换开关的特点与符号

转换开关的特点如图 4-31 所示。转换开关的文字符号为 SA。

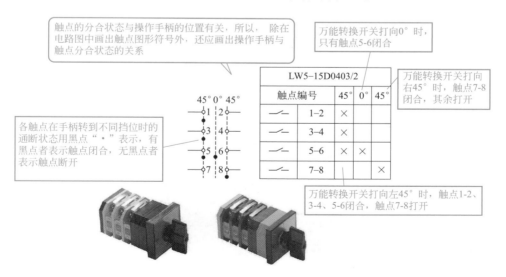

图 4-31　转换开关的特点

4.3.8 继电器的类型、结构、原理与符号

继电器的类型及其与接触器的区别如图 4-32 所示。

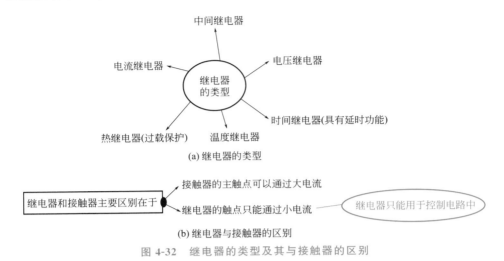

图 4-32 继电器的类型及其与接触器的区别

(1) 热继电器

热继电器的结构与符号如图 4-33 所示。

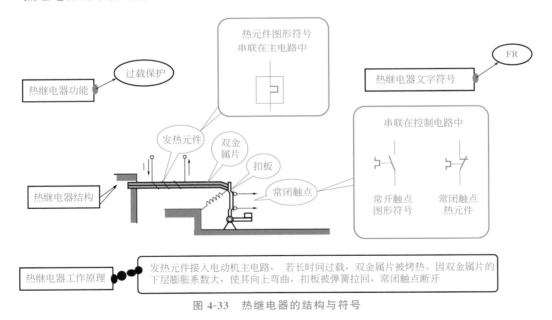

图 4-33 热继电器的结构与符号

有的热继电器图形符号与文字符号的表达如图 4-34 所示。

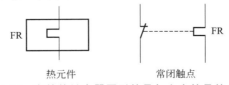

图 4-34 有的热继电器图形符号与文字符号的表达

其他一些热继电器的工作原理如图 4-35 所示。

图 4-35　其他一些热继电器的工作原理

（2）中间继电器

中间继电器的结构与符号如图 4-36 所示。

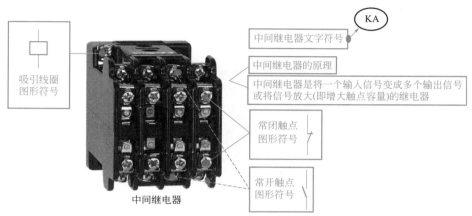

图 4-36　中间继电器的结构与符号

（3）时间继电器

时间继电器的结构与符号如图 4-37 所示。

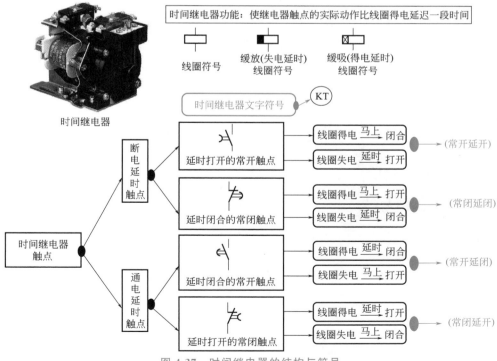

图 4-37　时间继电器的结构与符号

（4）电压继电器

电压继电器的特点与符号如图 4-38 所示。

电压继电器定义：触点的动作与线圈电压大小有关的继电器。

欠电压继电器作用：在线路中起欠电压保护的作用。

过电压继电器作用：在线路中起过电压保护的作用。

电压继电器原理：线圈两端的电压达到额定电压时，衔铁产生吸合或释放动作，带动触点动作。

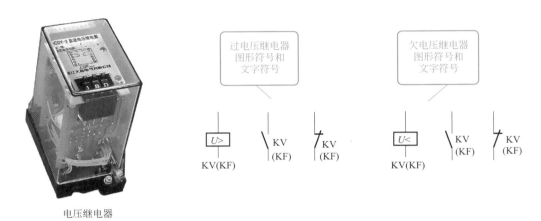

图 4-38　电压继电器的特点与符号

（5）电流继电器

电流继电器的特点与符号如图 4-39 所示。

电流继电器定义：触点的动作与线圈电流大小有关的继电器。

欠电流继电器作用：在线路中起欠电流保护的作用。

过电流继电器作用：在线路中起过电流保护的作用。

电流继电器原理：线圈两端的电流达到额定电流时，衔铁产生吸合或释放动作，带动触点动作。

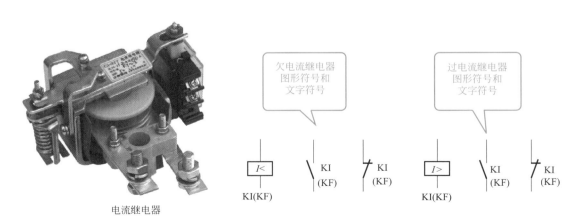

图 4-39　电流继电器的特点与符号

（6）温度继电器

温度继电器的特点与符号如图 4-40 所示。

温度继电器定义：随温度动作的继电器。

温度继电器作用：监控温度。

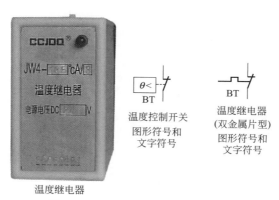

图 4-40　温度继电器的特点与符号

4.3.9　行程开关的结构与符号

行程开关的类型、结构与符号如图 4-41 所示。

行程开关的作用：主要用于电路的限位保护、行程控制、自动切换等。行程开关文字符号为 SQ。

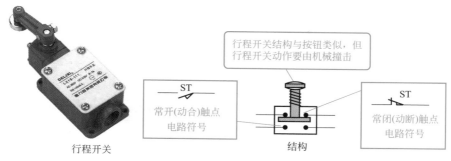

图 4-41　行程开关的类型、结构与符号

4.4　标志与标识

4.4.1　设备端子、导体终端的标识方法

识读电气图、安装电气线路时，应了解、掌握设备端子、导体终端的标识。设备端子、导体终端的标识方法如图 4-42 所示。在不引起混淆的情况下，数字和字母数字可以并用。

标志，一般在对应端子上或者其附近的地方。因此，采用节线法识图、安装时，其标志可以用作节点名称。

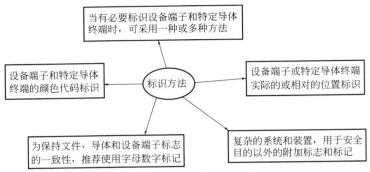

图 4-42　设备端子、导体终端的标识方法

4.4.2　颜色标识的一般要求

颜色标识的一般要求如图 4-43 所示。安装有关电气线路时，需要注意颜色标识应用是否正确。

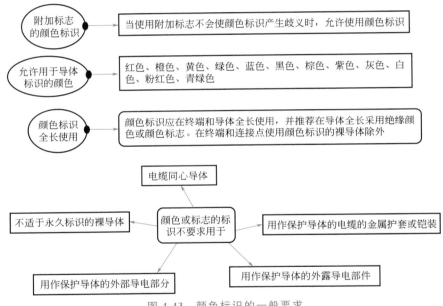

图 4-43　颜色标识的一般要求

4.4.3　单色、双色颜色标识的应用

单色颜色标识的应用见表 4-11。

表 4-11　单色颜色标识的应用

项目	解　　说
允许单色颜色	仅在与保护导体着色不太可能发生混淆的地方,允许使用单一的绿色和黄色
直流系统用线 导体单色颜色	线导体正极优先使用　用红色 线导体负极优先使用　用白色

项 目	解 说
交流系统用线 导体单色颜色	交流系统中的线导体优先使用黑色、棕色或灰色
功能接地导体 单色颜色	功能接地导体优先使用粉红色做颜色标志 颜色只适用于终端和连接点处
中性或中间导体 单色颜色	电路包含一个中性或中间导体时应使用蓝色作为颜色标识 为了避免和其他颜色产生混淆，推荐使用淡蓝色，可能产生混淆时，蓝色不应用于标识其他任何导体 在没有中性或中间导体的情况下，可用蓝色标识线路中除保护导体外的其他任何导体 如果使用颜色标识用作中性或中间导体的裸导体，应在每个单元或外壳或每个易触及的部位使用 15～100mm 宽的蓝色条纹，或从头至尾使用蓝色

双色颜色标识的应用见表 4-12。

表 4-12 双色颜色标识的应用

项 目	解 说
允许的双色组合	不会造成混淆的地方，允许使用两种颜色构成的组合色 为避免混淆，除了绿-黄双色组合外，绿色和黄色不应与其他颜色组合
PEL 导体 双色组合	绝缘的 PEL 导体应全长使用绿-黄双色，PEL 导体终端和连接点用蓝色标出
PEM 导体 双色组合	绝缘的 PEM 导体应全长使用绿-黄双色，PEM 导体终端和连接点用蓝色标出
保护连接导体 双色组合	保护连接导体使用绿-黄双色标识
保护导体 双色组合	保护导体使用绿-黄双色组合标识 绿-黄双色用于标识保护导体的颜色组合 如果外部导电部分用作 PE 导体，则不需要使用颜色标识
PEN 导体 双色组合	绝缘 PEN 导体的使用：全长使用绿-黄双色，终端和连接点另用蓝色标出；或全长使用蓝色，终端和连接点另用绿-黄双色标出

4.4.4 字母数字标识的应用

电气控制电路端子号码必须与控制电路原理图一致，并且根据一定顺序来标示。数字字母标识的应用如图 4-44 所示。

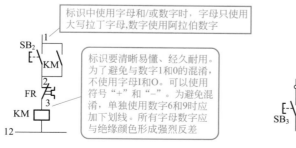

图 4-44

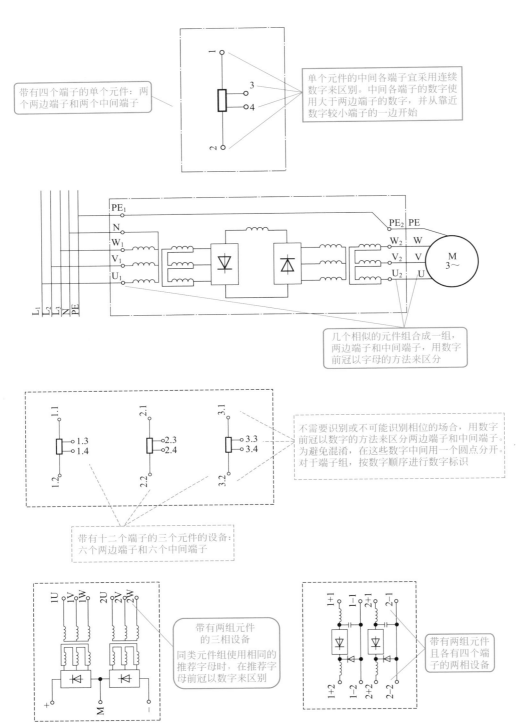

图 4-44 数字字母标识的应用

4.4.5 导体、端子的标识

导体、端子的标识要求与特点见表 4-13。

表 4-13　导体、端子的标识要求与特点

特定导体/端子	导体/端子的标识				
	字母数字标识		颜色		图形符号
	导体	端子			
直流导体	DC	DC	—		=====
正极（直流）	L+	+	⬤	RD	+
负极（直流）	L−	−	◯	WH	−
中间导体（直流）	M	M	⬤	BU	无推荐
中性导体（直流）	N	N			
交流导体	AC	AC	—		～
线 1（交流）	L1（L$_1$）	U	⬤	BK	
线 2（交流）	L2（L$_2$）	V	⬤	BN	
线 3（交流）	L3（L$_3$）	W	⬤	GY	
中间导体（交流）	M	M	⬤	BU	无推荐
中性导体（交流）	N	N			
保护导体	PE	PE	⬤	GNYE	⏚
PEN 导体（保护）	PEN	PEN	⬤	GNYE	无推荐
PEL 导体（保护）	PEL	PEL			
PEM 导体（保护）	PEM	PEM	⬤	BU	
保护连接导体	PB	PB	⬤	GNYE	▽
接地（保护连接导体）	PBE	PBE			无推荐
不接地（保护连接导体）	PBU	PBU			
功能接地导体	FE	FE	⬤	PK	⏚
功能连接导体	FB	FB	无推荐		⏚

4.5　电气控制电路的绘制规则、识读、检修

4.5.1　电气控制电路绘制的基本规则

电气控制电路绘制的基本规则如图 4-45 所示。识读时，可以利用这些规则进行识读，

从而使识读变得轻松易懂。

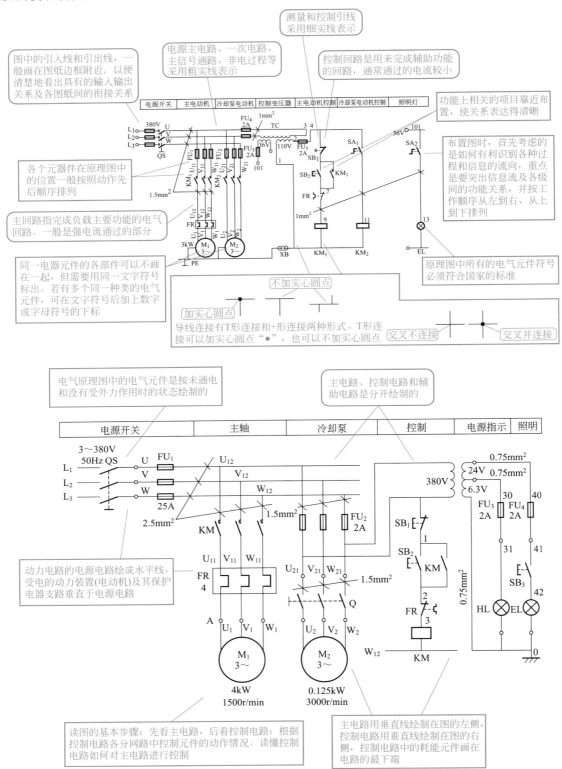

图 4-45　电气控制电路绘制的基本规则

4.5.2　电气控制电路的识读

识读电气控制电路，除了需要看懂所标符号代表的设备名称外，还应掌握电路的逻辑、电路遵循的规律。

识读电气控制电路的经验：先看一次回路后看二次回路；看完交流电路再看直流电路；交流电路要看电源，直流电路要找线圈；线圈对应查触点，触点连成一条线；上下左右顺序看，屏外设备接连看。

先看一次回路后看二次回路，也就是看一次回路掌握一次回路的功能与动作情况，以及一次回路需要二次回路进行的辅助功能。然后看二次回路怎样实现其相应功能，以及看相关动作情况。

看完交流电路再看直流电路，也就是说因一般交流电路较简单，并且可以根据交流电路的因查找出直流电路的果。

交流电路要看电源，直流电路要找线圈，也就是说因电气控制电路交流电路往往是对电源进行控制，因此，看交流电路时，从电源入手。从电源入手时，需要注意看交流电流、交流电压两部分的传递、变换等特点与作用。因一些直流电路相应的电气量是通过带线圈的继电器等设备反映出来的，因此看直流电路，从线圈入手。

线圈对应查触点，触点连成一条线，也就是说继电器等设备的线圈通电断电，会带动对应触点的动作情况。线圈对应的触点一般再连成另一回路。

上下左右顺序看，屏外设备接连看，也就是说有的图的绘制是根据电路或者动作情况从由上向下、由左向右的规律布局，同时结合屏外的设备或者其他图纸一起看。因此，识读时，应遵循该规律进行识读。

4.5.3　电气二次回路的检修法

电气二次回路的检修法见表4-14。

表 4-14　电气二次回路的检修法

名称	解　说
测量电流输出值	正常的线路，其电流值是正常的数值。如果其电流异常，则应检查看是否存在短路、断路、保护动作等情况
电笔测量法	电笔测量法就是利用电笔接触"有电"的端子、零件引脚、线路导体等通过能否"发光"来判断是否带电。需要注意，有电存在，不能够完全表示线路是正常的
断开电源测电阻法	测电阻，往往需要在不带电的情况下测量。断开电源测电阻法就是先断开电源，再测量电源两端的电阻值。如果测量的电阻值为零或过小时，则说明线路可能存在短路故障
分段测量法	故障点往往具有电压电流不稳定或者不显示正常值等特点。据此判断出回路的故障点。然后把整个电路进行分段排查，以及把电压表安装在需要排查的那一段线路的两端。这样通过电压表显示的电压值来确定故障段，实现检修的目的
替换法	对于排查工作不便、排查工作难度较大、涉及线路范围过大、分段不容易等不利于尽快找出故障点的情况，可以采用替换法进行检查。 替换法就是在排除过程中，如果发现某个零件有问题，但是不确定，则可以采用相同型号的其他元件或类似功能的元件进行替换。如果替换后线路能够恢复正常，则表示故障就是该元件引起的。如果替换后线路依旧异常，则需要继续进行排查

第 5 章

低压电气电路的识图、安装、施工与检修

5.1 电量电路

5.1.1 单相电度表电路

单相电度表（电能表）电路如图 5-1 所示。如果负载的功率在电度表允许的范围内，也就是流过电度表电流线圈的电流不至于导致线圈烧毁，则单相电度表的连接可以采用直接接入法。直接接入法分为跳入式、顺入式。

无论何种接法，相线（火线）必须接入电度表的电流线圈的端子。

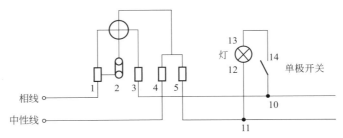

图 5-1　单相电度表（电能表）电路

【节线法识图】　首先确定节点：相线进节点、中性线进节点、1 节点、2 节点、3 节点、4 节点、5 节点、10 节点、11 节点、12 节点、13 节点、14 节点、15 节点、相线出节点、中性线出节点等。然后确定线，即两点一线，如图 5-2 所示。

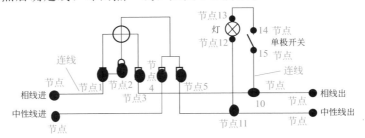

图 5-2　单相电度表电路节线法识图

相线从相线进节点到单相电度表的 1 节点，然后从 3 节点输出到 10 节点，10 节点存在分支（一路到相线出节点，一路到 15 节点）。

中性线从中性线进节点到单相电度表的 4 节点，然后从 5 节点到 11 节点，11 节点存在分支（一路到中性线出节点，一路到 12 节点）。

15 节点与 14 节点，其实就是单极开关的进线端编号节点与出线端编号节点。12 节点与 13 节点，其实就是灯具接线端编号节点。

【安装】 某几款单相电度表的接线安装如图 5-3 所示。某几款单相电度表的安装接线示意图如图 5-4 所示。电度表的接线方法有两种，一种是跳入式接法，一种是顺入式接法。顺入式接法示意图如图 5-5 所示。

1
2
3
4
接线示意图
火线进
零线进
火线出
零线出
火线进
零线进
火线出
零线出

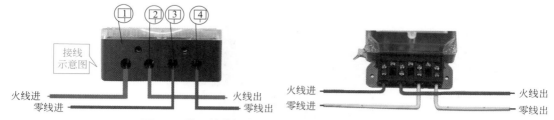

图 5-3 某几款单相电度表的接线安装（跳入式接法）

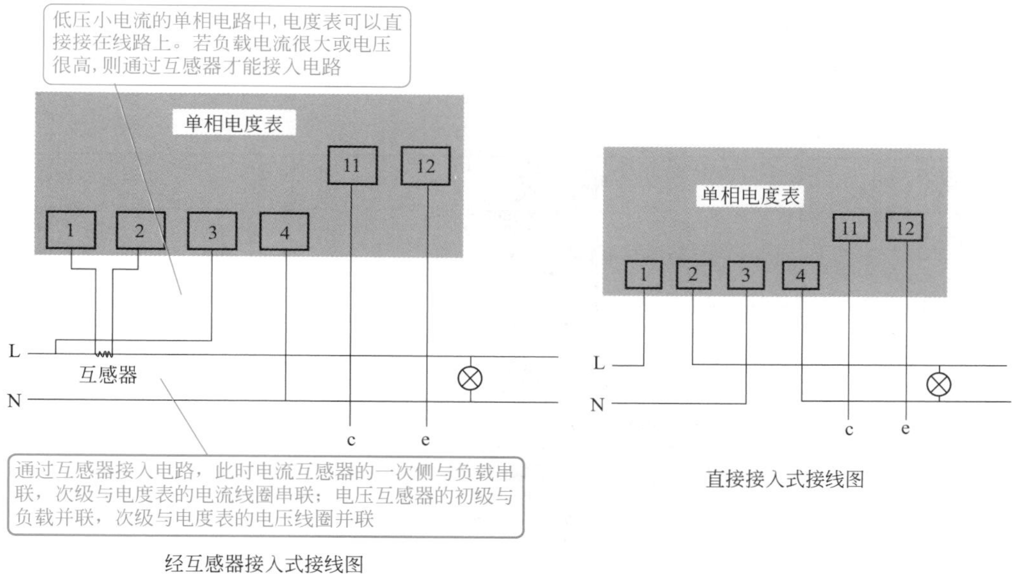

低压小电流的单相电路中，电度表可以直接接在线路上。若负载电流很大或电压很高，则通过互感器才能接入电路
单相电度表
11
12
1
2
3
4
L
互感器
N
c
e
通过互感器接入电路，此时电流互感器的一次侧与负载串联，次级与电度表的电流线圈串联；电压互感器的初级与负载并联，次级与电度表的电压线圈并联
经互感器接入式接线图
单相电度表
11
12
1
2
3
4
L
N
c
e
直接接入式接线图

图 5-4 某几款单相电度表的安装接线示意图

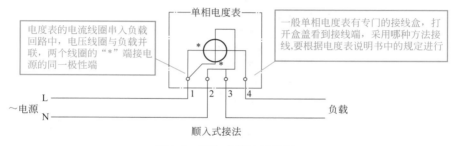

单相电度表
电度表的电流线圈串入负载回路中，电压线圈与负载并联，两个线圈的“*”端接电源的同一极性端
一般单相电度表有专门的接线盒，打开盒盖看到接线端，采用哪种方法接线,要根据电度表说明书中的规定进行
*
*
1
2
3
4
L
~电源
N
负载
顺入式接法

图 5-5 顺入式接法示意图

【施工】　电度表应安装在干燥、稳固的地方，避免阳光直射，忌湿、热、霉、烟、尘、沙、腐蚀性气体。单相电度表电路现场施工如图5-6所示。

电度表电流的选择不是越大越好或者越小越好，而是需要根据耗电功率，电器总功率来选择电流大小

相线进
中性线进

连线节点
节点
相线进
中性线进
节点

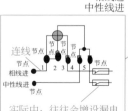

实际中，往往会增设漏电断路器电度表应安装在室内，电度表的底板应固定安装在坚固耐火的墙上，安装高度为1.8m左右

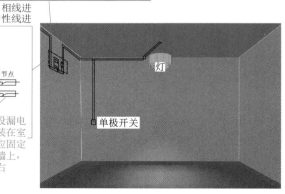

灯

单极开关

(a) 单相电度表暗装效果图　　　　　　　　　　　　　　(b) 单相电度表电路解析图

图 5-6　单相电度表电路现场施工

电表的参考选择见表5-1。

表 5-1　电表的参考选择

场景	常用家电	总功率	电表推荐安数
门店/商用	4P空调一台、电脑若干、照明用电	18000W	20(80)A 或 30(100)A
商场/办公		22000W	
充电桩	220V 交流便携桩（常用）	3.3kW	5(20)A
	220V 交流慢充桩（家用）	7kW	10(40)A
	380V 快充 30kW、45kW、60kW（商用）	40kW	三相
	380V 快充 75kW、90kW、120kW（商用）	100kW	三相
小功率用	只照明等		2.5(10)A 或 1.5(6)A
单间/出租房	一台空调、热水器、电磁炉、日常家电	4400W	5(20)A
公寓/一室	一台空调、热水器、电磁炉、日常家电		
两室/三室	2P空调1台、1P空调2台、电磁炉、热水器日常家电、普通照明	8000W	10(40)A
三室/门店	3P空调1台、1.5P空调3台、电磁炉、热水器、日常家电、普通照明	12000W	15(60)A

注意：载波电度表与传统的机械电度表接线有所不同。例如，DDSI3699 单相电子式载波电度表接线图与原理方框图如图 5-7、图 5-8 所示。

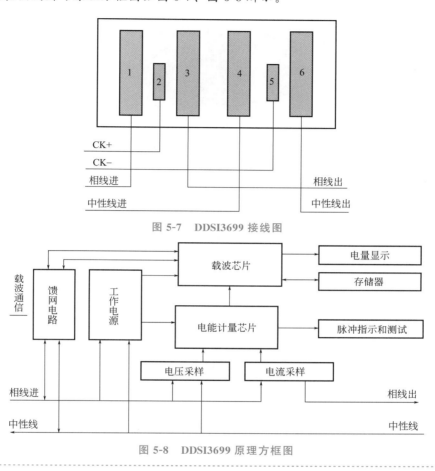

图 5-7　DDSI3699 接线图

图 5-8　DDSI3699 原理方框图

5.1.2　三相电度表电路

电度表主要参数有电压线圈额定电压与电流线圈额定电流。其中，直入式电度表电流线圈最大额定电流为 80A。电压线圈额定工作电压有 380V、220V。

三相电度表的结构如图 5-9 所示。三相电度表的类型如图 5-10 所示。三相电度表连线电路如图 5-11 所示。

【安装】　电度表的额定电压需要与电源电压一致。电度表的额定电流应大于或等于负载电流。

电度表的连接线应使用绝缘铜导线，截面积要满足负载电流要求，一般要求大于 2.5mm^2。电度表的连接线在剖削时不能损伤导线芯。

低压三相直入式有功电度表安装图例如图 5-12 所示。

5.1.3　电度表的检测判断

电度表的检测判断见表 5-2。

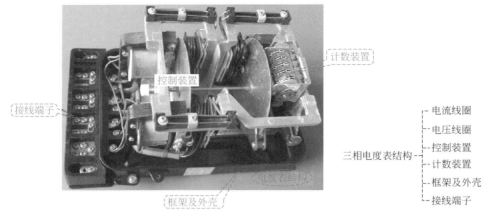

图 5-9　三相电度表的结构

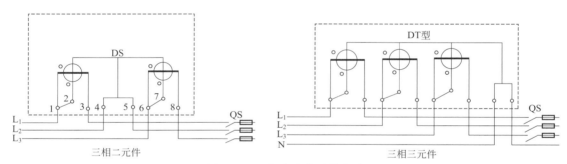

图 5-10　三相电度表的类型

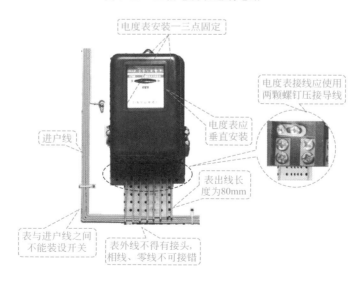

图 5-11　三相电度表连线电路

图 5-12　低压三相直入式有功电度表安装图例

表 5-2　电度表的检测判断

方法	检测判断
直流电阻法	可以在断电的情况下,通过检测直流电阻来判断电度表: (1)需要确保是停电情况下(也就是允许停电安全的情况下)。 (2)测量电度表的电流、电压线圈的直流电阻。 (3)比较其直流电阻,得出结果。一般电度表的电流线圈直流电阻都约为 0。电压线圈的直流电阻因不同种类的电度表有所差异: ①一般 220V 单相电度表电压线圈的直流电阻为 $0.4 \sim 1.2k\Omega$。 ②一般 $3 \times 100V$ 有功电度表的电压线圈直流电阻为 $70 \sim 150\Omega$。 ③一般 $3 \times 380V/220V$ 有功电度表的电压线圈直流电阻为 $0.4 \sim 0.8k\Omega$
万用表回路电阻法	万用表回路电阻法检测判断电度表如下: (1)确保是停电情况下(也就是允许停电安全的情况下)。 (2)任意断开电流回路的一点,并且把万用表串入,以测量回路直流电阻。 (3)比较回路直流电阻,得出结果。一般正常时其回路直流电阻近似为 0。如果回路直流电阻很大,说明可能是二次接错或短路

5.2　电动机控制电路

5.2.1　电动机手动单向控制线路

电动机手动单向控制线路如图 5-13 所示。

【看图上直接呈现的信息】　图上有隔离开关 QS、熔断器 FU、电动机 M,以及有关连线与连线名称。也就是说该图的原理与安装会涉及这几个电气设备与有关连线。

【想图上隐含的或者遵循的支持信息】　开关合上,则相应线路有电流,电动机得电。开关断开,则相应线路无电流,电动机失电。电动机得电,意味着电动机可以运转。电动机失电,意味着电动机停止运转。熔断器,正常状态为"通"状态,意味着允许相应线路有电流通过。相应线路出现短路时,因相应线路的电流剧增,则熔断器自己熔断避免线路以及线路上的电器设备受到损害。

综上所述,识读电动机手动单向控制线路的工作过程如下:

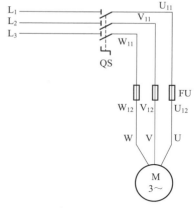

图 5-13　电动机手动单向控制线路

① 启动:合上隔离开关 QS→电动机 M 得电启动连续运转。

② 停止:断开隔离开关 QS→电动机 M 失电停转。

③ 电路保护:当电动机 M 短路或较长时间过载时→熔断器 FU 熔断→电动机 M 失电停转。

【节线法与节点法识图】　节线法与节点法识读电动机手动单向控制线路的工作过程图解如图 5-14 所示。该图电动机采用三相电源,分别为 L_1、L_2、L_3。鉴于三相 L_1、L_2、L_3 的节点与连线是一样的,因此仅分析一相,其他两相进行类似分析即可。

合上隔离开关 QS 时,L_3 相中的 L_3 线、W_{11} 线、W 线,成为一根通线了,也就是该相线顺畅通电流。断开隔离开关 QS 时，L_3 相中的 W_{11} 线与 W 线是通线，但是 W_{11} 线与 L_3 线间是断开的，也就是该相线不顺畅、不通电流。

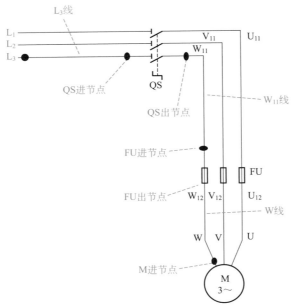

图 5-14　节线法与节点法识读电动机手动单向控制线路

【节线法与节点法安装】　利用节线法安装电动机手动单向控制线路的图解如图 5-15 所示。安装时，主要是线的连接，具体地讲，就是具体的哪根线端接在电气设备的哪个接线端上，即节点上。例如 L_3 相线的连接：

L_3 线的安装：L_3 相中的 L_3 线出端接在隔离开关 QS 进节点。

W_{11} 线的安装：L_3 相中的 W_{11} 线进端接在隔离开关 QS 出节点。L_3 相中的 W_{11} 线出端接在熔断器 FU 进节点。

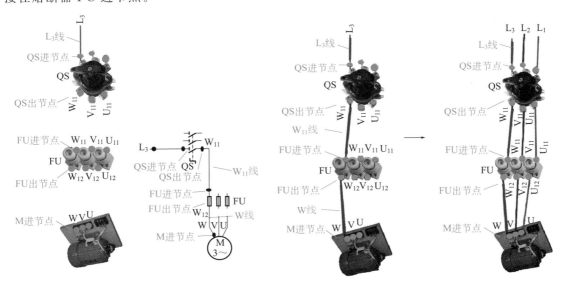

图 5-15　节线法与节点法电动机手动单向控制线路的安装图解

W 线的安装：L_3 相中的 W 线进端接在熔断器 FU 出节点。L_3 相中的 W 线出端接在电动机 M 的进节点。

5.2.2 电动机点动控制线路

电动机点动控制线路如图 5-16 所示。

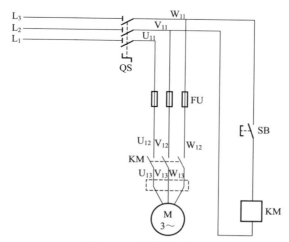

图 5-16　电动机点动控制线路

【看图上直接呈现的信息】　图上有隔离开关 QS、熔断器 FU、接触器 KM、电动机 M，以及有关连线与连线名称。也就是说该图的原理与安装会涉及这几个电气设备与有关连线。

【想图上隐含的或者遵循的支持信息】　开关合上，代表了开关处两节点间的线路接通了，往往是总控的作用。如果线路中还存在平时状态是断开的两节点间，要想整个线路接通，则该平时状态是断开的两节点间应要能够接通。使之接通的方式有自控、他控、手动，应用最多的是自控、他控。

综上所述，识读电动机点动控制线路的工作过程如下：

① 启动：合上隔离开关 QS→按下启动按钮 SB→接触器 KM 线圈得电→KM 主触点闭合→电动机 M 启动运行。

② 停止：电动机 M 启动运行→松开按钮 SB→接触器 KM 线圈失电→KM 主触点断开→电动机 M 失电停转。

【节点法识图】　节点法识读电动机点动控制线路的工作过程图解如图 5-17 所示。该图电动机采用三相电源，分别为 L_1、L_2、L_3。鉴于三相 L_1、L_2、L_3 的节点与连线是一样的，因此仅分析一相，其他两相进行类似分析即可。

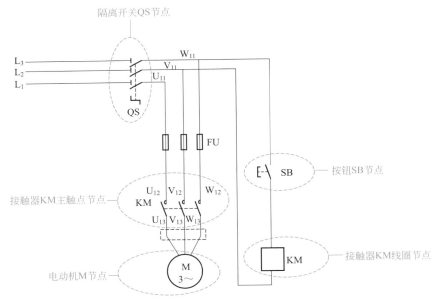

图 5-17　节点法识读电动机点动控制线路的工作过程图解

节点法识读电动机点动控制线路的工作过程或者原理时，也就是阐述这几个的关系与互动工作过程。电动机点动控制线路的节点有隔离开关 QS 节点、按钮 SB 节点、接触器 KM 线圈节点、接触器 KM 主触点节点、电动机 M 节点。

① 启动：隔离开关 QS 节点合上→按钮 SB 节点按下→接触器 KM 线圈节点得电→KM 主触点节点闭合→电动机 M 节点启动运行。

② 停止：电动机 M 节点启动运行→按钮 SB 节点松开→接触器 KM 线圈节点失电→KM 主触点节点断开→电动机 M 节点失电停转。

> **拓展**
>
> 　　看电动机控制电路的基本方法：先看一次，后看二次；先看电源、后看接线；先看线圈、后看触点；先看上后看下、先看左后看右。

【节线法安装】　利用节线法安装电动机手动单向控制线路的图解如图 5-18 所示。安装时，首先固定好涉及的电气设备。确定安装节点，相当于接点，即连接点。确定线，以及线的两端应连接在哪个节点（接点）上，也就是确定哪两节点间有连线。

 小结

> 　　节点的编号，可以采用常规方法、有关规范要求、设计图的编号进行编号。在平时练习训练时，为了便于理解，也可以首先采用含有"进""出"字来编号。例如，SB 进节点、SB 出节点；接触器 KM 线圈进节点、接触器 KM 线圈出节点等。等理解后，可以再把含有"进""出"字的编号换成常规方法、有关规范要求、设计图的编号进行理解。

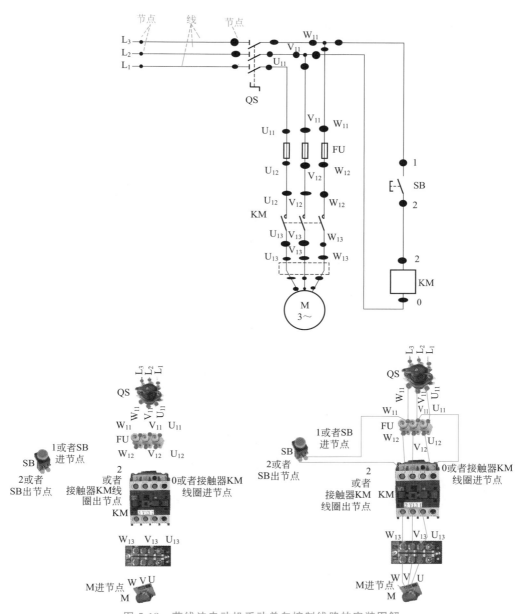

图 5-18　节线法电动机手动单向控制线路的安装图解

5.2.3　接触器自锁控制电动机线路

接触器自锁控制电动机线路如图 5-19 所示。

【节点法识图】　节点法识读电动机点动控制线路的工作过程或者原理时，也就是阐述这几个的关系与互动工作过程。电动机点动控制线路的节点有隔离开关 QS 节点、按钮 SB_1 节点、按钮 SB_2 节点、接触器 KM 辅助触点节点、接触器 KM 线圈节点、接触器 KM 主触点节点、电动机 M 节点。因为要自锁，则接触器节点需要细分辅助触点节点、线圈节点、主触点节点。

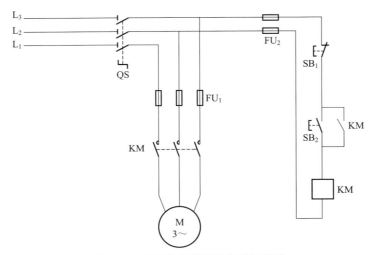

图 5-19　接触器自锁控制电动机线路

① 启动：隔离开关 QS 节点合上→按钮 SB$_2$ 节点按下→接触器 KM 线圈节点得电→KM 主触点节点闭合（同时，KM 常开辅助触点节点闭合）→电动机 M 节点启动运行。

② 停止：电动机 M 节点启动运行→按钮 SB$_1$ 节点按下→接触器 KM 线圈节点失电→KM 主触点节点断开（同时，KM 常开辅助触点节点断开）→电动机 M 节点失电停转。

电动机启动后，松开启动按钮，接触器通过自身常开辅助触点而使其线圈保持得电的作用称为自锁。实现自锁主要是将接触器常开辅助触点并联于按钮，达到启动自锁功能。自锁，不是别人的自我锁定，而指的是接触器自己锁定其线圈继续保持得电的状态。

【节线法安装】　利用节线法安装接触器自锁控制电动机线路的图解如图 5-20 所示。安装时，先确定安装节点，然后连线。节点的设置、连线的设置可以根据电路图来进行。

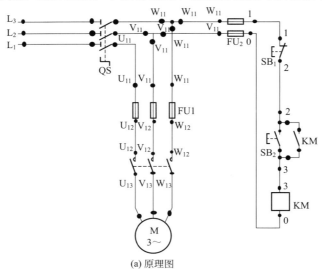

(a) 原理图

(b) 器件布置图

(c) 标注连接点(节点)图

图 5-20

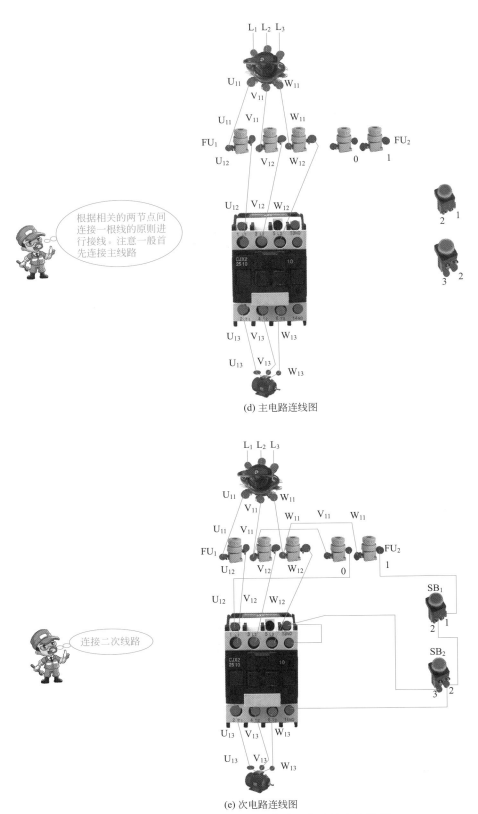

(d) 主电路连线图

(e) 次电路连线图

图 5-20　节线法接触器自锁控制电动机线路的安装图解

5.2.4　具有过载保护的接触器自锁控制电动机线路

具有过载保护的接触器自锁控制电动机线路如图 5-21 所示。

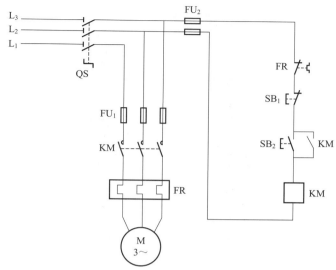

图 5-21　有过载保护的接触器自锁控制电动机线路

【节点法识图】　节点法识读有过载保护的接触器自锁控制电动机线路的工作过程或者原理时，也就是阐述这几个的关系与互动工作过程。有过载保护的接触器自锁控制电动机线路的节点有隔离开关 QS 节点、按钮 SB$_1$ 节点、按钮 SB$_2$ 节点、接触器 KM 辅助触点节点、接触器 KM 线圈节点、接触器 KM 主触点节点、电动机 M 节点、热继电器热元件节点、热继电器常闭触点节点。因为，要自锁，则接触器节点需要细分辅助触点节点、线圈节点、主触点节点。要过载保护，则需要在二次线路串接安装热继电器 FR 常闭触点节点与在主回路上串接安装热继电器 FR 发热元件节点配合互动实现过载保护。

① 启动：隔离开关 QS 节点合上→按钮 SB$_2$ 节点按下→接触器 KM 线圈节点得电→KM 主触点节点闭合（同时，KM 常开辅助触点节点闭合）→电动机 M 节点启动运行。

② 停止：电动机 M 节点启动运行→按钮 SB$_1$ 节点按下→接触器 KM 线圈节点失电→KM 主触点节点断开（同时，KM 常开辅助触点节点断开）→电动机 M 节点失电停转。

③ 过载保护：电动机 M 节点过载运行时→流过热继电器发热元件节点的电流偏大→发热元件（通常为双金属片）因发热而弯曲，通过传动机构将热继电器 FR 常闭触点节点断开→电动机控制电路被切断，接触器 KM 线圈节点失电→主电路中的接触器 KM 主触点节点断开→电动机 M 节点供电被切断而停止运转。

　　热继电器只能够执行过载保护，不能够执行短路保护。短路时电流很大，但是热继电器发热元件弯曲需要一定时间，等到其动作时电动机、供电线路可能已被过大的短路电流烧坏了。另外，当电路过载保护后，如果排除了过载因素，需要等待一定的时间让发热元件冷却复位，再重新启动电动机。

【节线法安装】　利用节线法安装过载保护的接触器自锁控制电动机线路的图解如图 5-22 所示。安装时，先确定安装节点，然后连线。

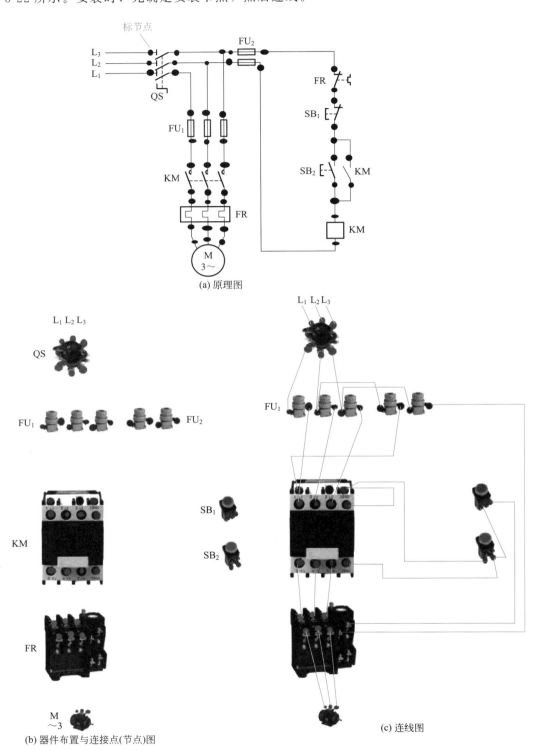

图 5-22　节线法有过载保护的接触器自锁控制电动机线路的安装图解

　电工电路识图、安装、施工与检修

如果节点（接点）编号需要采用号码筒安装在连接处，则节点（接点）编号应采用行规或者有关标注的编号格式与要求。许多节点多是连接点，则找节点就是找连接点。找连接点的目的，就是确定具体一根电线的连接，因为具体一根电线的两端需要连接到连接点上。

5.2.5 电动机单向点动启动控制线路

电动机单向点动启动控制线路如图 5-23 所示。

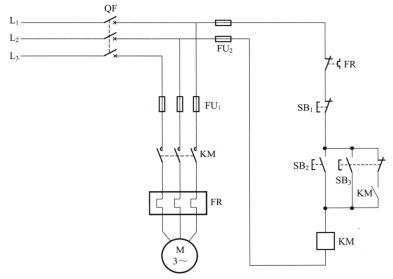

图 5-23 电动机单向点动启动控制线路

【节线法安装】 利用节线法安装电动机单向点动启动控制线路，首先确定电线的连接点，然后在连接点间连线，如图 5-24 所示。

点动控制：就是指按下按钮，电动机得电运转；松开按钮，电动机失电停转。

"欠压"：就是指线路电压低于电动机应加的额定电压。欠压保护：就是指当线路电压下降到某一数值时，电动机能自动脱离电源电压停转，避免电动机在欠压下运行的一种保护。

失压（或零压）保护：就是指电动机在正常运行中，由于外界某种原因引起突然断电时，能自动切断电动机的电源。

5.2.6 电动机两地控制线路

电动机两地控制线路如图 5-25 所示。

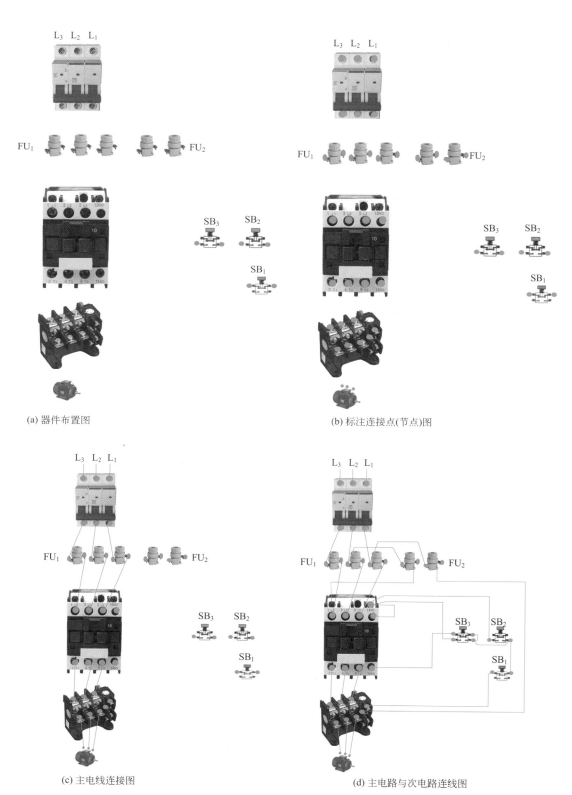

(a) 器件布置图

(b) 标注连接点(节点)图

(c) 主电线连接图

(d) 主电路与次电路连线图

图 5-24　节线法安装电动机单向点动启动控制线路

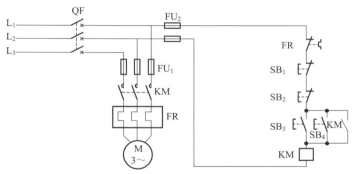

图 5-25　电动机两地控制线路

【节线法安装】　利用节线法安装电动机两地控制线路的图解如图 5-26 所示。安装时，先确定安装节点，然后连线。

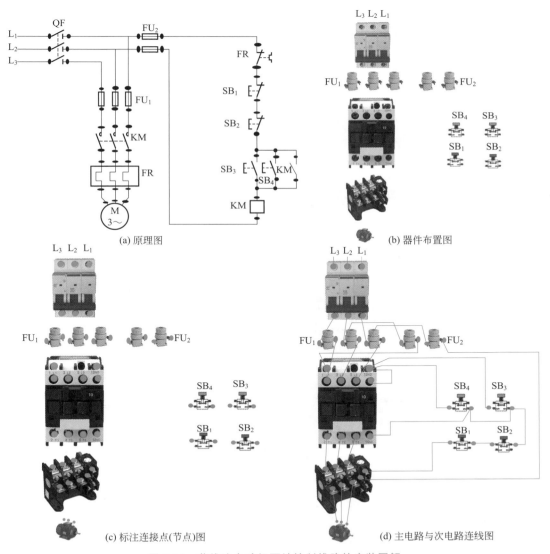

(a) 原理图

(b) 器件布置图

(c) 标注连接点(节点)图

(d) 主电路与次电路连线图

图 5-26　节线法电动机两地控制线路的安装图解

5.2.7　电动机联锁正反转控制线路

电动机联锁正反转控制线路如图 5-27 所示。

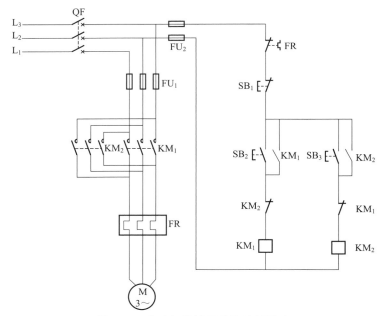

图 5-27　电动机联锁正反转控制线路

【节线法安装】　利用节线法安装电动机联锁正反转控制线路的图解如图 5-28 所示。同理，安装时，先确定安装节点，然后连线。

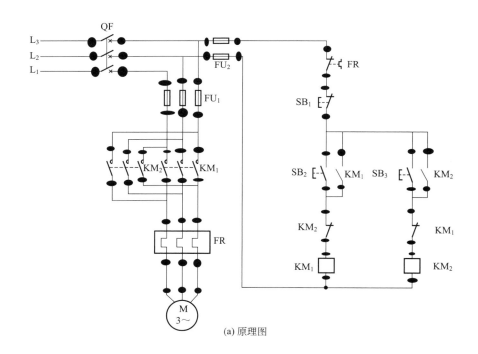

(a) 原理图

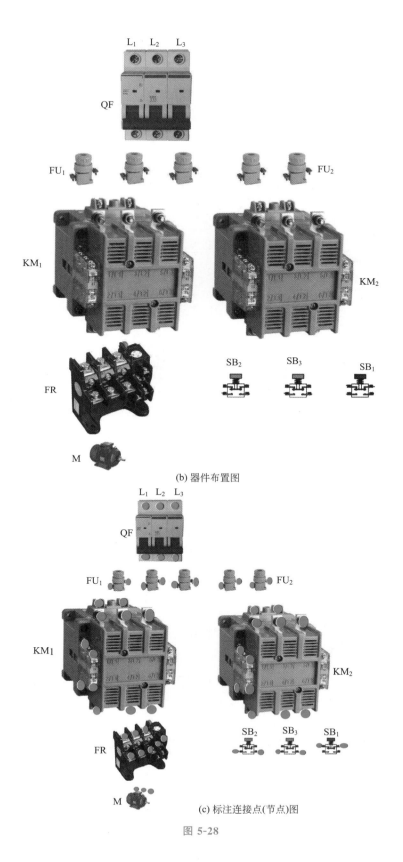

(b) 器件布置图

(c) 标注连接点(节点)图

图 5-28

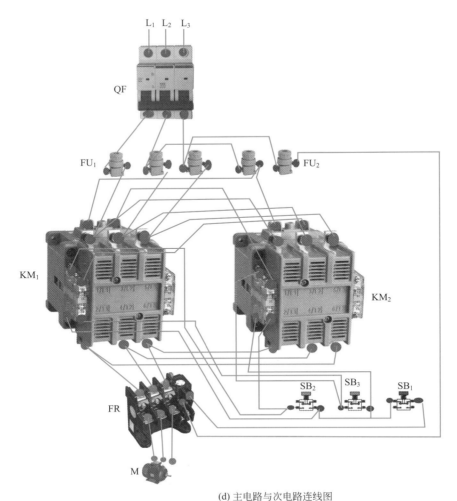

(d) 主电路与次电路连线图

图 5-28　节线法电动机联锁正反转控制线路的安装图解

5.3　电气控制柜

5.3.1　电气控制柜安装主要步骤

电气控制柜不同种类与型号的电气元件有不同的安装形式。一般而言，在选择电气元件时尽可能考虑相同的安装形式。电气元件安装可以根据产品说明书与电气接线图进行，做到安全可靠、排列整齐、距离适当、节省板面、方便走线与检修。安装电气元件的底板可选用2.5～5mm 厚的钢板或5mm 厚的层压板等。电气控制柜安装的主要步骤见表5-3。

表 5-3　电气控制柜安装的主要步骤

步骤项目	解　　说
裁板	根据电气元件的数量与大小、安装允许的位置、安装图，确定板面尺寸大小。裁剪时,钢板要用剪板机裁剪,四边要去毛刺与倒角。裁剪好的底板应板面平整,不翘,不凸凹不平

步骤项目	解　说
定位	定位方法如下： (1)根据电器相关说明书上的安装尺寸用划针确定安装孔的位置,再用样冲冲眼以固定钻孔中心。 (2)线槽配线,还要确定线槽安装孔的位置。 (3)元件要排列整齐,减少导线弯折,方便敷设导线。 (4)采用导轨安装电气元件,只需确定其导轨固定孔的中心点
钻孔	确定电气元件等的安装位置后,用手电钻或者在钻床上钻孔。钻孔时,应选择合适的钻头(一般钻头直径略大于固定螺栓的直径即可)。 钻孔操作技巧如下： (1)钻头先对准中心样冲眼,进行试钻； (2)试钻出来的浅坑应保持在中心位置,否则应校正
固定	固定要求如下： (1)用固定螺栓,把电气元件按确定的位置,逐个固定在底板上。紧固螺栓时,应在螺栓上加装平垫圈与弹簧垫圈,不能用力过猛。 (2)对导轨式安装的电气元件,只需按要求把元件插入导轨即可
连接	连接方法如下： (1)连接的顺序一般是先接主电路,再接辅助电路；先柜内,后柜外。 (2)导线的接头除必须采用焊接方法外,一般导线应当采用冷压接线头。 (3)导线注意加标记套。 (4)导线与端子的接线,一般是一个端子只连接一根导线。 (5)端子不适合连接软导线时,可在导线端头上采用针形、叉形等冷压接线头。 (6)连接器件必须与连接的导线截面积以及材料性质相适应

导线注意加标记套图例如图 5-29 所示。

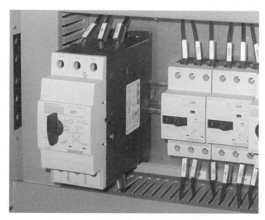

图 5-29　导线注意加标记套图例

5.3.2　确定安装板与面板上的电器

电气控制线路是由各种有触点的继电器、按钮、接触器、行程开关等按不同连接方式组合而成的。不同的电气控制柜,具有不同的电气控制线路。例如某电气柜的线路如图 5-30 所示。需要根据电气电路与实际需要,确定安装板与面板上的电器。一般而言,用于面板操作的电器安装在面板上,不需要用于面板操作的放在安装板上。面板上的电器主要有开关、指示灯、仪表等。

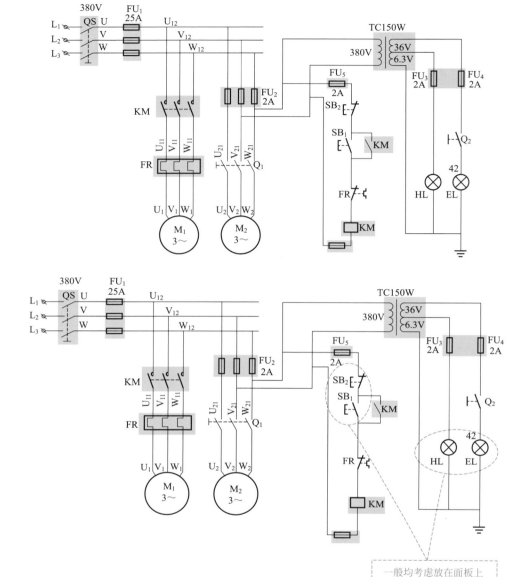

图 5-30　某电气柜的线路

加▇▇▇▇的一般均考虑放在安装板上

例如，另外一个电气柜的线路安装板与面板上的电器确定如图 5-31 所示。

5.3.3　确定安装电线规格

安装电线的规格，可以根据负载功率来确定。一般情况下，可以按照铜线每一平方毫米在 220V 电压下大约承受 5A 电流，380V 电压下大约承受 4A 电流。

如果电路图或者规格表有电线规格，则根据设计来确定。如图 5-32 所示，电线的要求就在图上标注了。

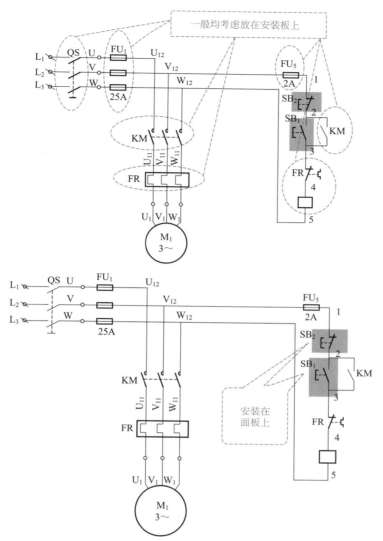

一般均考虑放在安装板上

安装在
面板上

图 5-31　另外一个电气柜的线路安装板与面板上电器的确定

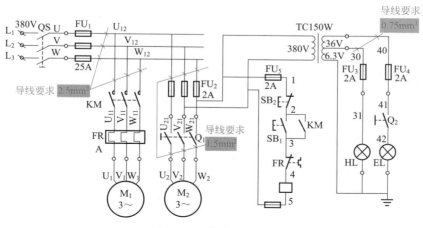

导线要求
0.75mm²

导线要求
2.5mm²

导线要求
1.5mm²

图 5-32　电线的要求

5.3.4 安装板的安装

根据安装在安装板上的电器规格、数量进行安装板的尺寸、规格、类型的确定。

安装板有防火胶木板、金属材料板。其中，胶木板有良好绝缘性能，但是，物理支持性在一些场合比金属材料板的要差一些。金属材料板注意要涂抹防火漆、防锈漆，注意绝缘性。金属材料安装板如图 5-33 所示。

安装板上电器的安装，涉及电器的定位、安装、连线、固定板子等工作。电器定位可以根据接线顺序，兼顾操作要求进行。安装板上电器与外部的电气连接一般应经接线端子进行。

电器的定位如图 5-34 所示。

图 5-33　金属材料安装板

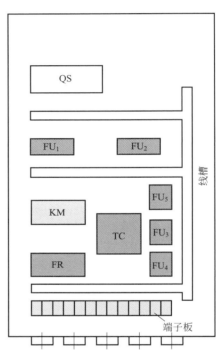

图 5-34　电器的定位

5.3.5 面板的安装

面板上电器的安装，涉及电器的定位、安装、连线、固定板子等工作。面板安装按钮时，如果将 $\phi22mm$ 的按钮安装在孔为 $\phi25mm$ 的面板上，则需要采用变径圈。

如果防止按钮与面板间的轻动，则需要安装定位圈。如果在面板上设置了预留孔，则面板上要安装面板塞。

如果是有特殊要求的按钮，应根据实际情况安装警示圈、保护圈、防水罩，挂符号牌等。

面板按钮的定位图例如图 5-35 所示。实际一面板的安装图例如图 5-36 所示。

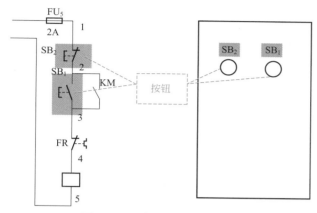

图 5-35　面板按钮的定位图例

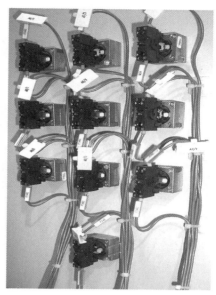

图 5-36　实际一面板的安装图例

5.3.6　电气控制柜内部配线与外部配线

电气控制柜内部配线与外部配线的要求、方法见表5-4。

表 5-4　电气控制柜内部配线与外部配线的要求、方法

项目	解　说
电气控制柜内部配线的要求、方法	(1)线槽外部的配线,对装在可拆卸门上的电气接线必须采用互连端子板或连接器,必须牢固固定在控制箱、框架、门上。 (2)采用线槽配线时,线槽装线不要超过容积的70%,以便安装、检修。 (3)从外部控制、信号电路进入控制箱内的导线超过10根时,必须接到端子板或连接器件过渡,但动力电路与测量电路的导线可以直接接到电器的端子上。 (4)一般从正面修改配线的方法,较少采用板后配线的方法
电气控制柜外部配线的要求、方法	(1)除有适当保护的电缆外,全部配线必须一律在导线通道内,使导线具有机械保护,防止铁屑侵入。 (2)当利用设备底座作走线通道时,无须再加预防措施,但必须能防止液体、灰尘、铁屑的侵入。 (3)导线采用钢管,壁厚应不小于1mm,如用其他材料,壁厚必须有等效于壁厚为1mm钢管的强度。 (4)导线通道必须固定可靠,内部不得有锐边与远离设备的运动部件。 (5)如果用金属软管时,必须有适当的保护。 (6)移动部件或可调整部件上的导线必须用软线。 (7)导线通道应留有余量,允许以后增加导线。 (8)运动的导线必须支承牢固,使得在接线点上不致产生机械拉力,又不出现急剧的弯曲。 (9)不同电路的导线可以穿在同一线管内,或处于同一根电缆之中,如果它们的工作电压不同,则所用导线的绝缘等级必须满足其中最高一级电压的要求。 (10)安装在同一机械防护通道内的导线束,需要提供一定的备用导线,当同一管中相同截面积导线的根数在3~10根时,应有1根备用导线,以后每递增1~10根,增加1根

5.3.7　电气控制柜接线方法

电气控制柜接线整体上要做到横平竖直、导线间相互平行,必要时引线卡将同一走向的导线固定在一起。如果连线太多,则可以采用线槽来整理,达到美观整洁的效果。连线注意

导线选择要正确，线路要美观，接线要牢靠，端子要套号码筒。

电气控制柜接线方法如下。

① 考虑好元器件间连接线的走向。导线与导线间不得交叉、重叠，同向导线应紧靠在一起并紧贴底板排列。

② 选取合适的导线，根据某导线的走向，度量连接点之间的长度，截取适当长度的导线，并将导线捋直。

③ 根据导线应走的方向、路径，用尖嘴钳将每个转角都弯成90°，并与相应的边保持平行，沿底板排列的导线应紧贴底板。

④ 用电工刀或剥线钳剥去两端的绝缘层，套上与原理图相对应的号码套管。用尖嘴钳把剥去绝缘的导线线端弯成羊角圈。

⑤ 套入接线端子上的压紧螺钉并且拧紧。

⑥ 在所有导线连接好后，再整理好。

5.4 电气控制电路的检修

5.4.1 电气控制电路部件失效模式

电气控制电路部件失效模式如图5-37所示。

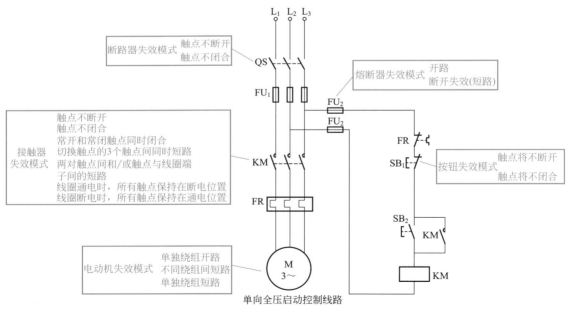

图 5-37 电气控制电路部件失效模式

5.4.2 校验灯检修电气电路

校验灯检修电气电路图例如图5-38所示。

校验灯需要针对实际电路选择220V或者380V的灯泡。控制线路为380V的一般选择380V线路用灯泡。如果接在相线、零线间则选择220V线路用灯泡，如图5-39所示。

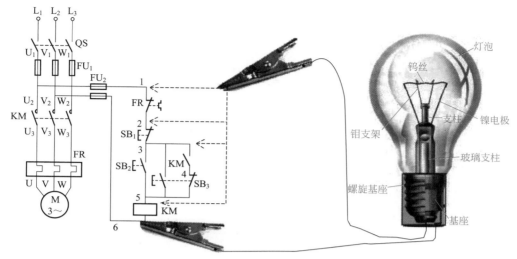

图 5-38　校验灯检修电气电路图例

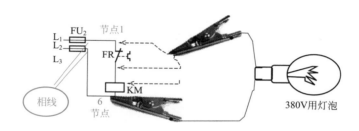

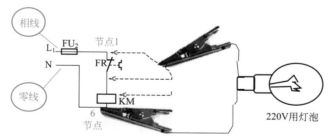

图 5-39　校验灯灯泡的选择

　　校验灯灯泡选择后，可以固定灯泡一端，另外一端与相关端相接触，然后根据灯泡亮、暗是否正常来判断故障位置。例如，校验灯的检修判断如图 5-40 所示。图中的编号 1、2、3、4、5、6，其实就是接触点、节点。校验灯的检修判断，其实就是节点法的检修判断。

5.4.3　电压分阶法检修电气电路

　　电压分阶法检修电气电路如图 5-41 所示。

　　电压分阶法检修电气电路前，应选择好电压测量仪器：可以选择电压表或者万用表。选择电压表或者万用表时，应注意电压表的量程与万用表的挡位。如果是 380V 控制线路，则选择的万用表应为 500V 交流挡位，电压表则选择最大量程为 500V 的交流表。如果是 220V

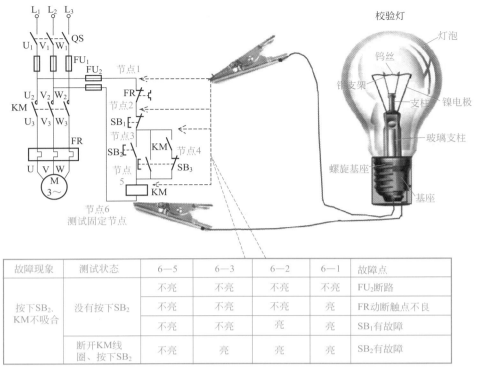

图 5-40 校验灯的检修判断

故障现象	测试状态	6—5	6—3	6—2	6—1	故障点
按下SB₂， KM不吸合	没有按下SB₂	不亮	不亮	不亮	不亮	FU₂断路
		不亮	不亮	不亮	亮	FR动断触点不良
		不亮	不亮	亮	亮	SB₁有故障
	断开KM线圈、按下SB₂	不亮	亮	亮	亮	SB₂有故障

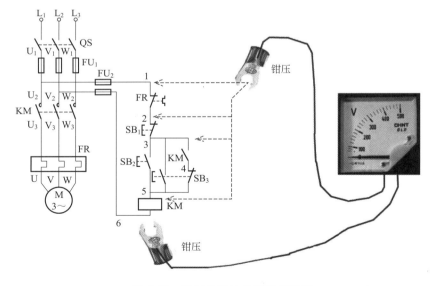

图 5-41 电压分阶法检修电气电路

控制线路，则选择的万用表应为 250V 交流挡位，电压表则选择最大量程为 450V 的交流表即可。

　　电压分阶法检修电气电路时，可以两人配合操作，也可以一人独立进行。只是一人独立进行时，需要断开总开关，然后固定电压表引线，然后打开开关看读数。

该方法电压表或者万用表的一根表引出线（或者一支表笔）固定接在接触器线圈一端不变动，而另外一根表引出线根据实际需要接在控制线路的不同"阶"上，也就是固定一个接触节点，其他接触节点是变动的。

　　电压分阶法检修电气电路图例，可以根据电压表读数是否正常来判断故障位置，如图 5-42 所示。

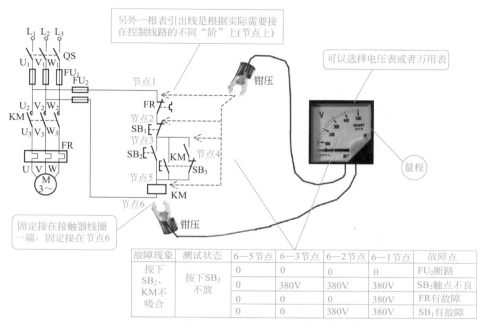

故障现象	测试状态	6—5节点	6—3节点	6—2节点	6—1节点	故障点
按下SB₂、KM不吸合	按下SB₂不放	0	0	0	0	FU₂断路
		0	380V	380V	380V	SB₂触点不良
		0	0	0	380V	FR有故障
		0	0	380V	380V	SB₁有故障

图 5-42　电压分阶法检修电气电路的检修判断

5.4.4　电压分段法检修电气电路

　　电压分段法检修电气电路图例如图 5-43 所示。电压分段法与电压分阶法的区别在于接触节点的不同，二者的比较如图 5-44 所示。

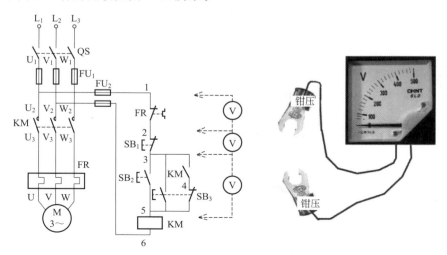

图 5-43　电压分段法检修电气电路图例

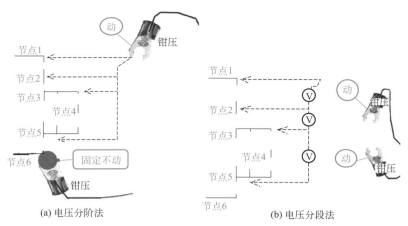

(a) 电压分阶法　　　(b) 电压分段法

图 5-44　电压分段法与电压分阶法的区别

电压分段法检修电气电路前，应选择好电压测量仪器：可以选择电压表或者万用表。选择电压表或者万用表时，应注意电压表的量程与万用表的挡位。如果是 380V 控制线路，则选择的万用表应为 500V 交流挡位，电压表则选择最大量程为 500V 的交流表。如果是 220V 控制线路，则选择的万用表应为 250V 交流挡位，电压表则选择最大量程为 450V 的交流表即可。

电压分段法检修电气电路时，电压表或者万用表的两表笔根据实际需要接不同的接线端，即接在控制线路不同的"段"。

该方法可以两人配合操作，也可以一人独立进行，检测原理一样，具体操作有所不同。

电压分段法检修电气电路图例，可以根据电压表读数是否正常来判断故障位置，如图 5-45 所示。

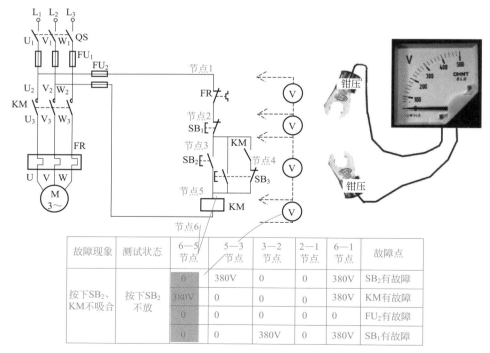

故障现象	测试状态	6—5 节点	5—3 节点	3—2 节点	2—1 节点	6—1 节点	故障点
按下SB₂、KM不吸合	按下SB₂不放	0	380V	0	0	380V	SB₂有故障
		380V	0	0	0	380V	KM有故障
		0	0	0	0	0	FU₂有故障
		0	0	380V	0	380V	SB₁有故障

图 5-45　电压分段法检修电气电路图例

5.4.5　电阻分阶法检修电气电路

电阻分阶法检修电气电路图例如图 5-46 所示。

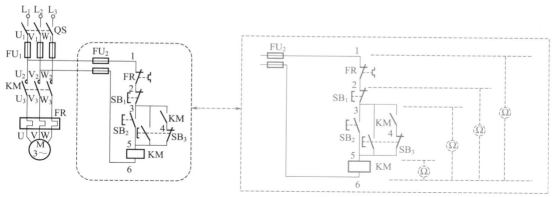

图 5-46　电阻分阶法检修电气电路图例

电阻分阶法检修电气电路前，应选择好电压测量仪器：根据实际电路选择好万用表以及其量程挡位。

电阻分阶法检修电气电路时，电阻分阶法需要在断电状态下检测，为安全起见以及测量正确，需要把控制器线路的熔断器也拔掉。然后，根据两人或者一人操作采用不同策略，但是检测基本原理是一样的。下面以一人操作为例进行介绍：把一支表笔固定在接触器线圈 6 端（也就是节点 6），然后另外一支笔去接触所需测量点（也就是其他节点），有必要按动按钮时，按动按钮即可。

电阻分阶法检修电气电路，可以根据万用表读数是否正常来判断故障位置，如图 5-47 所示。

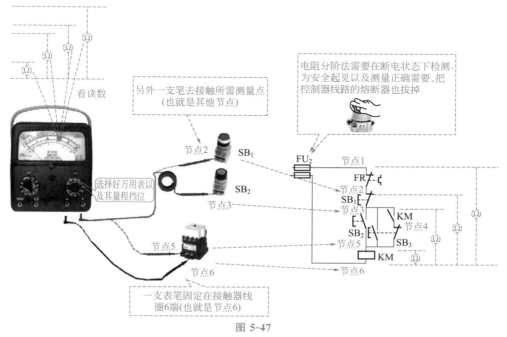

图 5-47

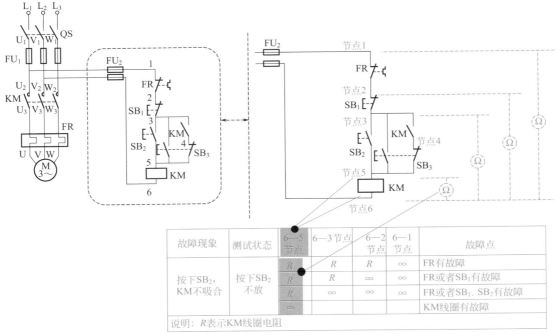

故障现象	测试状态	6—5节点	6—3节点	6—2节点	6—1节点	故障点
按下SB₂，KM不吸合	按下SB₂不放		R	R	∞	FR有故障
			R	∞	∞	FR或者SB₁有故障
			∞	∞	∞	FR或者SB₁、SB₂有故障
						KM线圈有故障
说明：R表示KM线圈电阻						

图 5-47　电阻分阶法检修电气电路

5.4.6　电阻分段法检修电气电路

电阻分段法检修电气电路图例如图 5-48 所示。

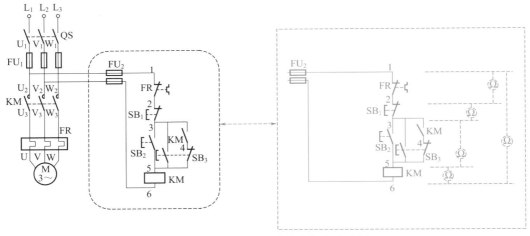

图 5-48　电阻分段法检修电气电路图例

　　电阻分段法检修电气电路前，应选择好电压测量仪器：根据实际电路选择好万用表以及其量程挡位。

　　电阻分段法检修电气电路时，需要在断电状态下检测，为安全起见以及测量正确，需要把控制器线路的熔断器也拔掉。然后，根据两人或者一人操作采用不同策略，但是检测基本原理是一样的。下面以一人操作为例进行介绍：万用表两表笔分别接控制线路相应段间。

电阻分段法检修电气电路时，可以根据万用表读数是否正常来判断故障位置，如图 5-49 所示。

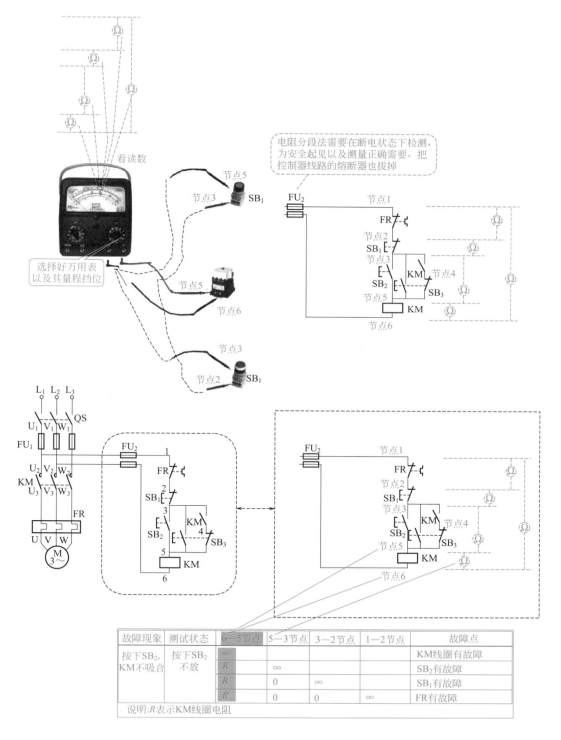

故障现象	测试状态	6—5节点	5—3节点	3—2节点	1—2节点	故障点
按下SB₂，KM不吸合	按下SB₂不放	∞				KM线圈有故障
		R	∞			SB₂有故障
		R	0	∞		SB₁有故障
		R	0	0	∞	FR有故障
说明:R表示KM线圈电阻						

图 5-49　电阻分段法检修电气电路

5.4.7　短接法检修电气电路

短接法检修电气电路如图 5-50 所示。短接法就是利用绝缘导线把怀疑的线路短接起来，从而判断故障点。也就是说，短接法就是短接两节点，即使两节点处于接通状态，从而根据短接情况下，其有关电压或者电阻，或者动作情况来检修判断。

对于通过短接法来检测电压，需要注意短接法的可靠性、可行性与安全性，否则不能采用。对于通过短接法来检测电阻，需要注意不得带电测电阻。

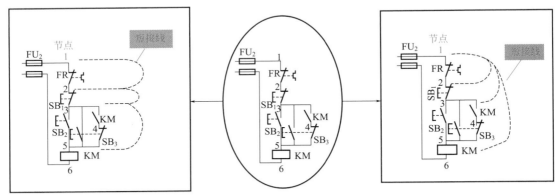

图 5-50　短接法检修电气电路

故障检修实例：按动 SB2，控制电路无效。于是，在断电的情况下，用电线短接热继电器的辅助触点两端，也就是图上的节点 1 与节点 2。然后试机，一切正常，则说明故障是接热继电器的辅助触点断路引起的，如图 5-51 所示。

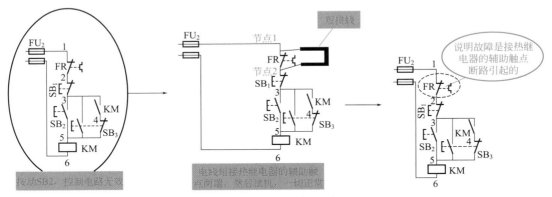

图 5-51　短接法检修实例

第 6 章
建筑、物业、装饰线路 的识图与运用

6.1 建筑、物业线路

6.1.1 建筑电缆直埋进线电源箱进出线布置图

建筑电缆直埋进线电源箱进出线布置电路有多种形式，其中建筑三个单元电缆直埋进线电源箱进出线布置如图 6-1 所示。

【识图】 建筑三个单元电缆直埋进线电源箱进出线布置图识读图解如图 6-2 所示。识图时，应结合图例进行，并且注意该图是采用线路简化表示法表示的。该图是一总三分形式：一个 QR 为总控制，三个 QV 为分控制。三个分控制 QV 分别控制建筑三个单元。

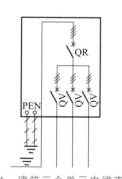

图 6-1 建筑三个单元电缆直埋
进线电源箱进出线布置

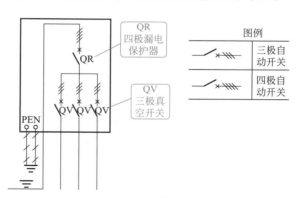

图 6-2 识读图解

【安装】 安装时，需要根据现场、图纸等要求确定安装方式。建筑三个单元电缆直埋进线电源箱进出线的安装方式有上进上出、下进上出、上进下出、下进下出等形式。其中，上进下出、下进下出电路形式如图 6-3 所示。

【施工】 落地式电源箱的施工安装图例如图 6-4 所示。施工时，需要注意尺寸与施工要求。

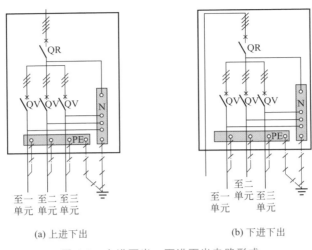

(a) 上进下出   (b) 下进下出

图 6-3   上进下出、下进下出电路形式

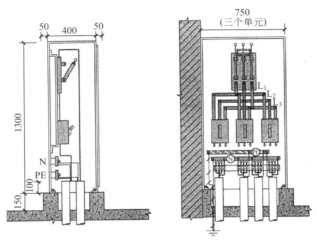

图 6-4   落地式电源箱的施工安装图例

6.1.2   建筑住宅配电干线系统图

建筑住宅配电干线系统图，分为多层建筑住宅配电干线系统图、高层建筑住宅配电干线系统图、超高层建筑住宅配电干线系统图等类型。其中，高层建筑住宅配电干线系统图、超高层建筑住宅配电干线系统图，可以看作是几组多层建筑住宅配电干线系统图组成的。也就是说，高层建筑住宅配电干线系统、超高层建筑住宅配电干线系统，往往是分部进行。

多层建筑住宅配电干线系统图图例如图 6-5 所示。

【识图】   多层建筑住宅配电干线系统图图例解说如图 6-6 所示。PR2×40×70 表示塑料线槽敷设，线槽的规格为 40×70，2 表示 2 根。其他表示以此类推即可。SC25 中的 SC 表示钢管敷设，25 表示规格。

【安装】   安装涉及的一些细节如图 6-7 所示。涉及的细节，需要结合查看土建等图纸的

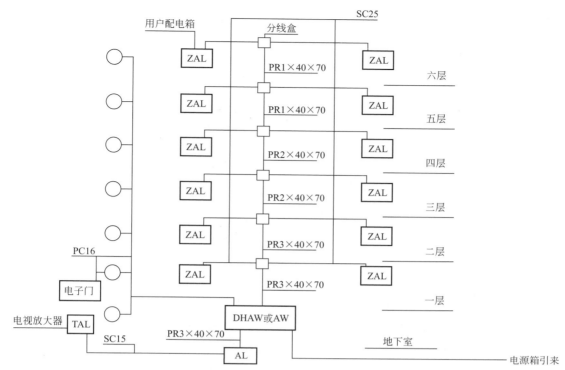

图 6-5　多层建筑住宅配电干线系统图图例

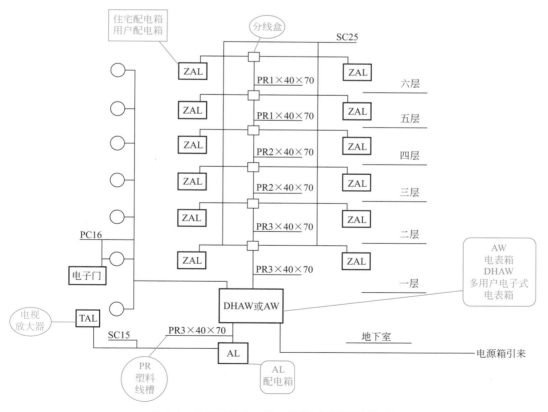

图 6-6　多层建筑住宅配电干线系统图图例解说

要求来安装。

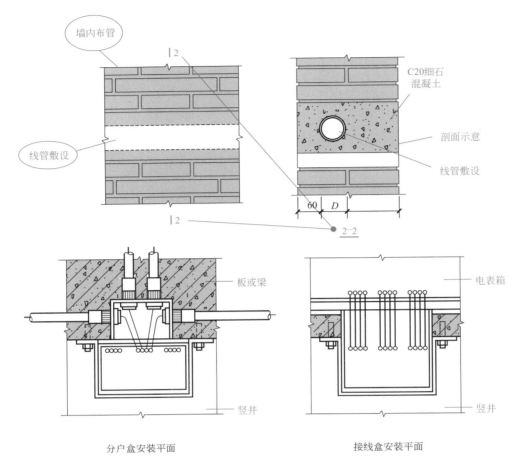

图 6-7 安装涉及的一些细节

【施工】 多层建筑住宅配电干线系统图与施工对比如图 6-8 所示。实际施工时，往往首先是确定布管，也就是 PVC 电工套管，然后穿线与安装设备，再连接。

6.1.3 建筑电表箱系统图

有的建筑，电源引到电源箱后，由电源箱把电源引到建筑电表箱。建筑电表箱的种类多，主要是每个建筑电表箱的户数的差异。电表箱的户数不同，则每相分配的户数不同。某建筑电表箱系统图如图 6-9 所示。

【识图】 建筑电表箱系统图，分为建筑电表箱整体系统简图、电表箱箱内系统图。识读建筑电表箱整体系统简图，主要涉及三相平衡与分配的情况。电表箱箱内系统图，主要涉及断路器、电表的电气连接情况。某建筑电表箱系统图识读如图 6-10 所示。

系统图 3N. PE-50Hz 380V 标识，其中 3N 表示为 3 火线 1 零线；"-50Hz" 表示频率为 50Hz 的交流电，380V 表示这种电路里可以得到交流电压 380V。

系统图 DZ47-20A/1P 标识，表示为 DZ47 型开关，单相断路器，额定电流 20A。

系统图 DZ47-10A/1P 标识，表示为 DZ47 型开关，单相断路器，额定电流 10A。

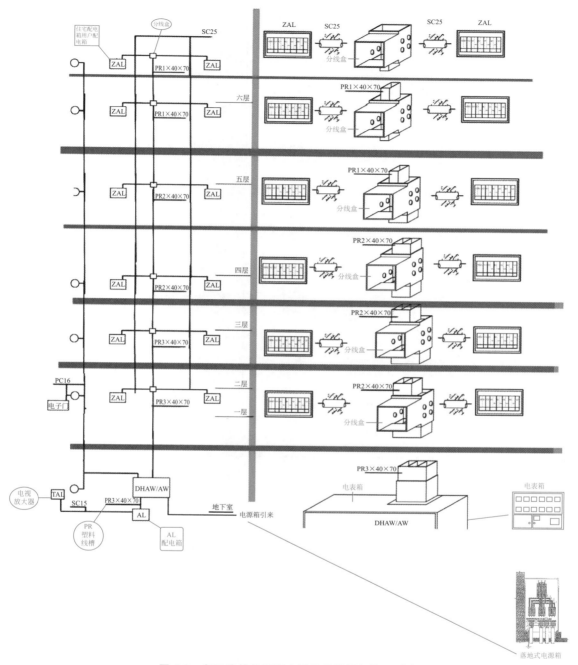

图 6-8 多层建筑住宅配电干线系统图与施工对比

系统图 BV-3×10-PR WC 标识，表示为 3 芯 10mm² 的铜芯聚氯乙烯绝缘电线，穿线槽墙内敷设。

系统图 BV-2×2.5-SC WC 标识，表示为 2 芯 2.5mm² 的铜芯聚氯乙烯绝缘电线穿接钢管暗敷设在墙内。

对于 18 户、24 户电表箱系统图的识读，主要是增加了每一相的户数，也就是增加了电表回路。因户数增加，则电表箱系统图中的总断路器型号规格需要配套选型。

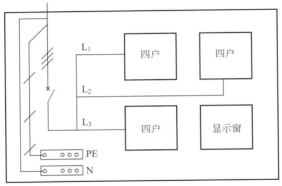

十二户电表箱系统图

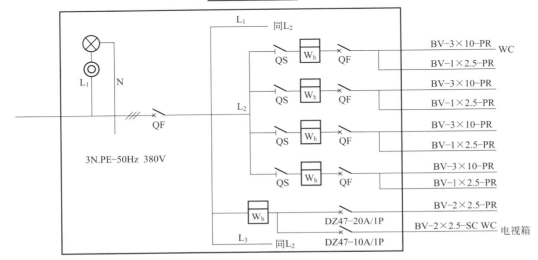

十二户电表箱系统图

图 6-9　某建筑电表箱系统图

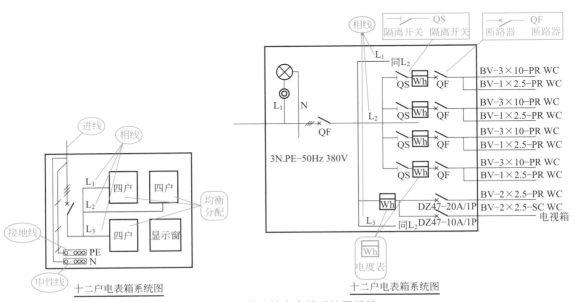

图 6-10　某建筑电表箱系统图识读

断路器的表示如图 6-11 所示。

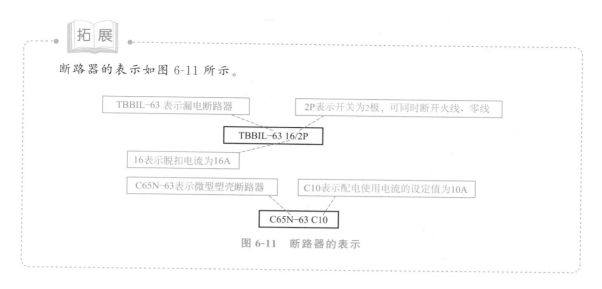

图 6-11　断路器的表示

【安装】　安装时，应现场核对电器规格型号是否正确（例如电表箱的电气规格参考要求见表 6-1），电表箱的出线孔是否满足要求，出线孔是顶板出线孔还是底板出线孔。

表 6-1　电表箱的电气规格参考要求

电负荷等级	分户电表规格/A	开关(QS/2P)/A	开关(QF/2P)/A
4kW/户	5(20)	20	20
6kW/户	5(30)	32	32
8kW/户	10(40)	40	40
10kW/户	15(60)	63	63

6.1.4　建筑用户配电箱系统图

建筑用户配电箱系统图与识读图解如图 6-12 所示。

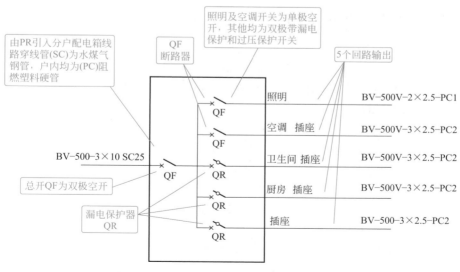

图 6-12　建筑用户配电箱系统图与识读图解

【识图】 系统图进线 BV-500-3×10-SC25 的标识，表示为聚氯乙烯绝缘铜芯线、耐压 500V、3 根 10mm² 的线，穿 25 的钢管沿墙敷设（25 的钢管也就是 DN25 管，即钢管外径为 25mm）。

系统图出线 BV-500-2×2.5-PC1 的标识，表示为聚氯乙烯绝缘铜芯线、耐压 500V、2 根 2.5mm² 的线，穿塑料管敷设。

系统图出线 BV-500-3×2.5-PC2 的标识，表示为聚氯乙烯绝缘铜芯线、耐压 500V、3 根 2.5mm² 的线，穿塑料管敷设。

【安装】 安装时，根据负荷性质与用途，确定是照明配电箱还是电力配电箱，或是插座箱、计量箱等。根据控制对象负荷电流的大小、电压等级以及保护要求，确定配电箱内主回路与各支路的开关电器、保护电器的容量与电压等级。从使用环境与使用场合的要求选择配电箱的结构形式，如确定选用明装还是暗装式，以及防潮、防火、外观颜色等要求。如果设计图直接提供了配电箱的型号与要求，则根据设计进行安装即可。

拓展

安装方式如图 6-13 所示。

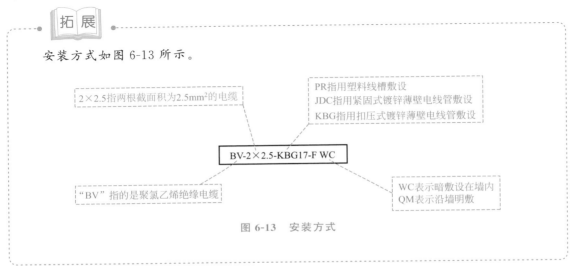

图 6-13 安装方式

6.1.5 建筑楼梯间照明配电图

某多层建筑楼梯间照明配电图与图解如图 6-14 所示。

建筑接线盒
预埋要求

【识图】 该系统图出现 BV-500V-1.5-PC16 标识，表示为聚氯乙烯绝缘铜芯线、耐压等级为 500V、铜线截面积为 1.5mm² 的线，PC16 表示穿直径 φ16mm 塑料管敷设。

该系统图出线 BV-500V-2.5-PC16 标识，表示为聚氯乙烯绝缘铜芯线、耐压等级为 500V、铜线截面积为 2.5mm² 的线，PC16 表示穿直径 φ16mm 塑料管敷设。

该图灯具的安装关系，其实就是在照明干线上的并联关系。每层照明灯与开关组成最基本的一灯一开关线路。该图灯具开关采用声控开关。声控开关的安装方法如图 6-15 所示。

【施工】 某多层建筑楼梯间照明配电的施工如图 6-16 所示。施工时，需要预留合适规格、合适数量、合适位置的电线套管。

有时进行建筑楼梯间照明配电的施工，可能需要参看楼梯结构图。楼梯结构图的剖面图与模拟效果图的对照如图 6-17 所示。

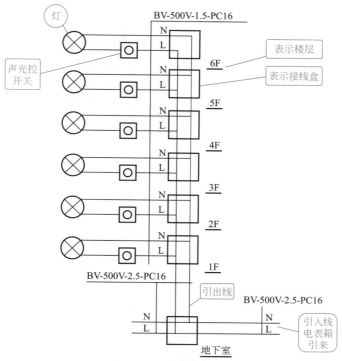

图 6-14 某多层建筑楼梯间照明配电图与图解

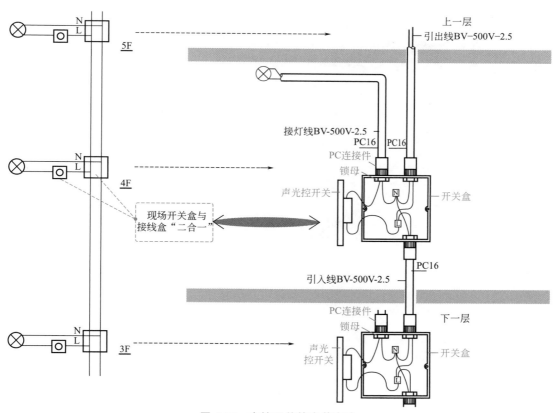

图 6-15 声控开关的安装方法

灯

声光控开关

明装接线盒与暗装接线盒的比较

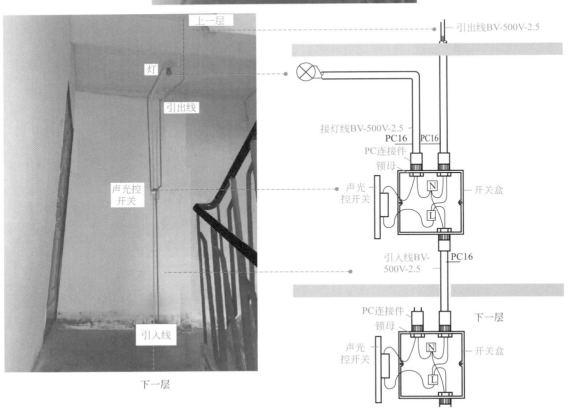

图 6-16　某多层建筑楼梯间照明配电的施工

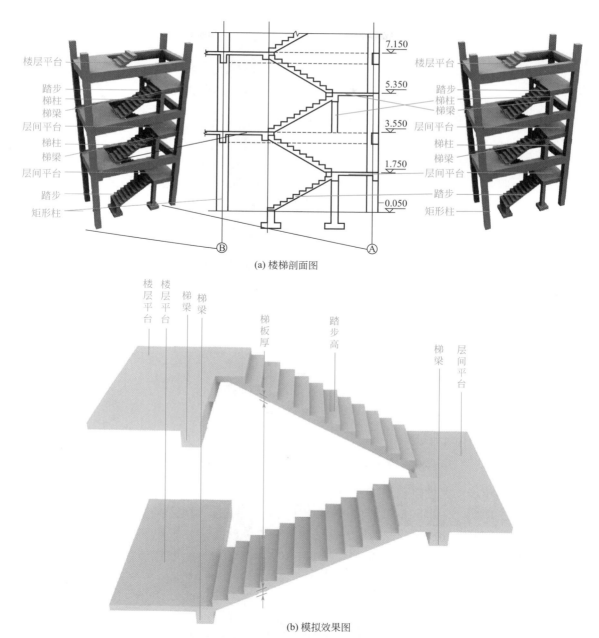

(a) 楼梯剖面图

(b) 模拟效果图

图 6-17　楼梯结构图的剖面图与模拟效果图的对照

6.2　室内线路

6.2.1　一只开关控制一盏灯照明电路（单极单控电路）

一只开关控制一盏灯照明电路（单极单控电路）如图 6-18 所示。

图 6-18　一只开关控制一盏灯照明电路（单极单控电路）　　　　一灯一开关电路

【解说】　一只开关控制一盏灯照明电路是由开关、灯、导线、交流电源 220V 等组成。一只开关控制一盏灯照明电路也就是一灯一开关的连线方式，即一盏灯由一只开关控制。尽管是一灯一开关照明电路，但是具体灯泡安装的特点有所不同。

【节线法识图】　首先确定线路的节点，然后确定节点的进线端与出线端（可以采用编号来表示），然后确定两节点的电线，并且确定电线两端的进线端与出线端（可以采用编号来表示），再根据相符合的电线端与节点端连接即可，即两点一线，如图 6-19 所示。

【安装】　一只开关控制一盏灯照明电路（单极单控电路）可以根据线路的节点与电线来安装，如图 6-20 所示。安装时，需要搞清每根电线的两端应接在哪个连接节点上。

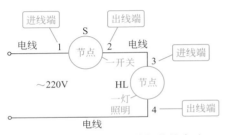

图 6-19　节线法识图单极单控电路

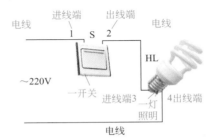

图 6-20　单极单控电路的安装

【施工】　单极单控电路现场施工图例解读如图 6-21 所示。如果图例中采用套管安装，则线路"T"形处，需要增加接线盒。现场施工时，需要意识到电线在现场的安装路径比图纸上的电线要空间立体性强一些。

图 6-21　单极单控电路现场施工图例解读

6.2.2　一开关控制两灯泡并联照明电路

一开关控制两灯泡并联照明电路如图 6-22 所示。

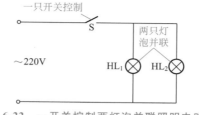

拇指开关与翘
板开关的比较

图 6-22　一开关控制两灯泡并联照明电路

【解说】　一开关控制两灯泡并联照明电路就是把两只灯泡并联，用一只开关控制。一开关控制两灯泡并联照明电路的支路间电压是相等的，但具有分流作用。一开关控制两灯泡并联照明电路的开关可以同时控制两灯，出现同时亮或者同时不亮的效果。

一开关控制两灯泡并联照明电路相类似的一开关控制多灯泡并联照明电路的特点，就是并联灯泡的支路为 3 路或者 3 路以上。

一开关控制两灯泡并联照明电路，也是灯泡并联控制电路的一种。

【节线法识图】　为了便于确定节点，原电路可以变化成如图 6-23 所示（两种形式均可以，具体根据现场安装需要来确定），然后确定线路的节点，以及确定节点的进线端与出线端（可以采用编号来表示），确定电线，即两（节）点一线进行连接即可。为了便于区别节点，节点可以进行编号，例如节点 1、节点 2、节点 3，如图 6-24 所示。为便于安装、施工，设置的节点尽量是电线的连接点。

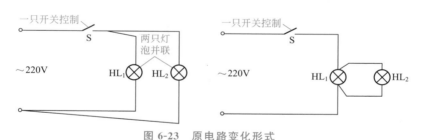

图 6-23　原电路变化形式

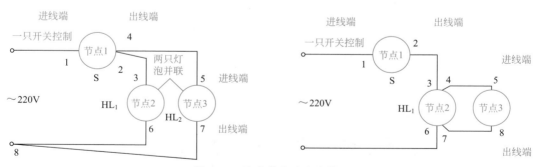

图 6-24　确定节点确定连线

【安装】　一开关控制两灯泡并联照明电路的安装，主要涉及开关的定位与连线，以及灯具的定位与连线，如图 6-25 所示。单极墙壁开关的安装，也就是火线进线端与火线出线端的安装。灯泡的火线安装，也就是开关引出的火线连接到灯泡的火线端。灯泡的零线安装，也就是直接连接到引来的零线上。

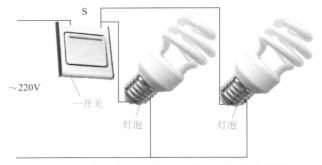

灯头座

图 6-25　一开关控制两灯泡并联照明电路的安装

【施工】　一开关控制两灯泡并联照明电路现场施工解读如图 6-26 所示。对原电路的变化形式不同，现场施工情况有差异。

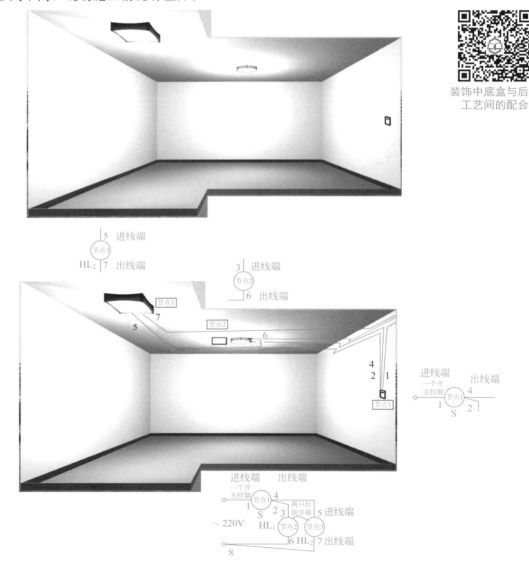

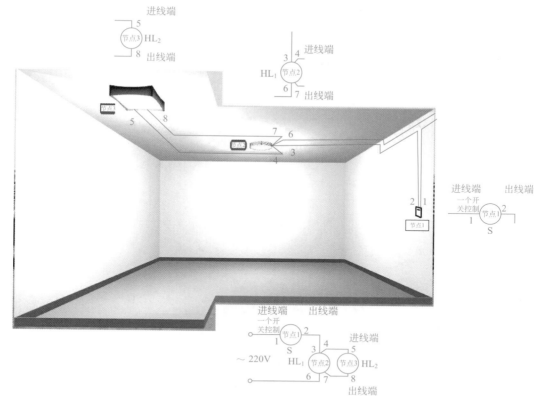

图 6-26　一开关控制两灯泡并联照明电路现场施工解读

6.2.3　两只开关控制一盏灯电路（双控电路）

两只开关控制一盏灯电路（双控电路）如图 6-27 所示。

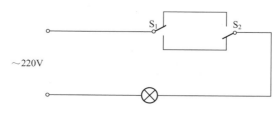

图 6-27　两只开关控制一盏灯电路（双控电路）

【解说】　两只开关控制一盏灯电路的两只开关安放在不同的位置，从而可以实现至多两个不同的位置控制一盏灯的亮灭。

两只开关控制一盏灯常见的场所有楼梯上下控制一盏灯，也就是需要楼上、楼下都能够控制照明灯的亮、灭。

【节线法识图】　首先确定线路的节点，以及确定节点的进线端与出线端（可以采用编号来表示），然后确定电线，即两（节）点一线进行连接即可，如图 6-28 所示。为了便于识图服务于现场，培养现场变通能力，可以对图上的电线进行"合理变化"（例如模拟现场），如

图 6-29 所示。

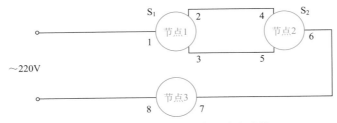

图 6-28　双控电路确定节点、确定连线

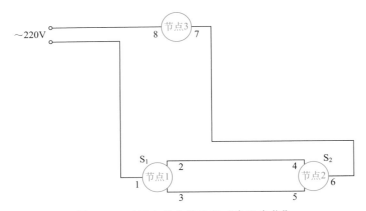

图 6-29　对图上的电线进行"合理变化"

【安装】　两只开关控制一盏灯电路（双控电路）的安装如图 6-30 所示。该电路的安装，重点在于双控开关的安装。

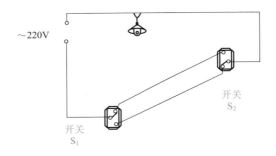

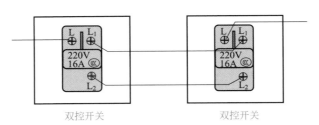

图 6-30　两只开关控制一盏灯电路（双控电路）的安装

电路中，火线的引入，需要直接连接在双控开关 S_1 的中间接线端上（即 L 端上）。双

控开关 S_1 的上接线端（即 L_1 端上）、下接线端（即 L_2 端上），需要分别与双控开关 S_2 的上接线端（即 L_1 端上）、下接线端（即 L_2 端上）相连。双控开关 S_2 的中间接线端上（即 L 端上），需要引线到灯的火线接线端上。灯的零线接线端上，需要与电路中的零线相连。

双控开关 S_1 的上接线端、下接线端的引线，其实就是其火线的引出线。双控开关 S_1 的中间接线端上（即 L 端上）的引线，其实就是其火线的引入线。

双控开关 S_2 的上接线端、下接线端的引线，其实就是其火线的引入线。双控开关 S_2 的中间接线端上（即 L 端上）的引线，其实就是其火线的引出线。

【施工】　双控电路现场施工解读如图 6-31 所示。

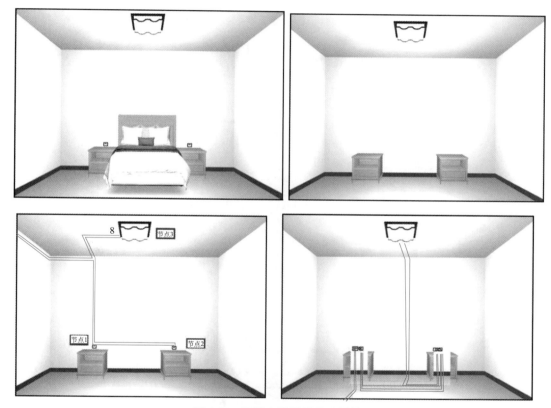

图 6-31　双控电路现场施工解读

对于套管暗敷而言，还需要考虑线管的敷设，如图 6-32 所示。线管的敷设，还需要考虑电线的连接方便。因此，不仅要看懂双控电路，还得有现场施工变通的技能。采用套管敷设，会涉及套管穿的电线根数，而穿的电线根数，不仅要看电路图，还需要考虑套管中间不能够接线，只能够套管间（可以设置接线盒、底盒）进行连接。

6.2.4　三灯双联双控电路

三灯双联双控电路如图 6-33 所示。

【解说】　三灯双联双控电路就是用两只双联双控开关控制三盏灯的电路接法。用双开双控的开关 S_1、S_2 控制灯 A、B、C 时，S_1 开关需要控制 A、B 灯，S_2 开关需要控制 B、C 灯。

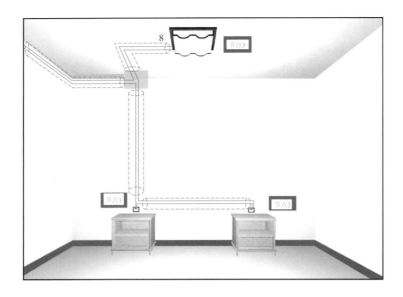

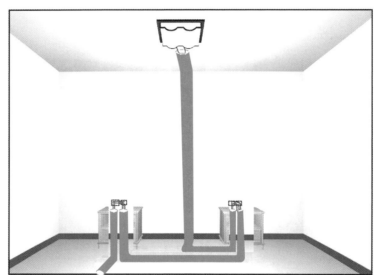

图 6-32 双控电路现场应用套管暗敷解读

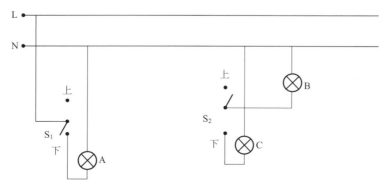

图 6-33 三灯双联双控电路

电工电路识图、安装、施工与检修

【安装】 一般灯具灯头接线的安装如图 6-34 所示。

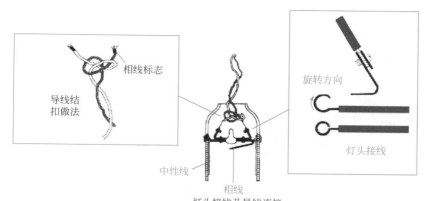

灯头接线导线
结扣的做法

图 6-34 一般灯具灯头接线的安装

6.2.5 插座电路

【安装】 插座的安装如图 6-35 所示。

插座面板

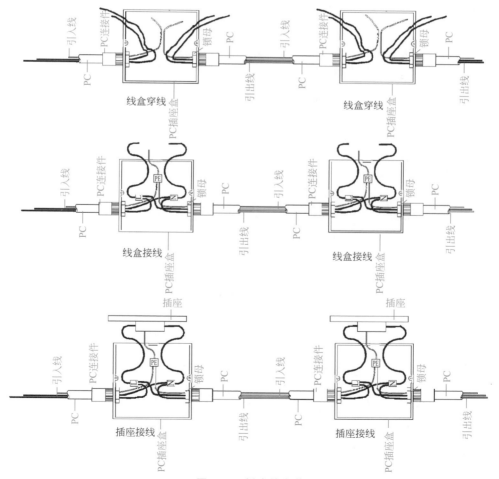

图 6-35 插座的安装

插座线盒穿线的其他方式如图 6-36 所示。

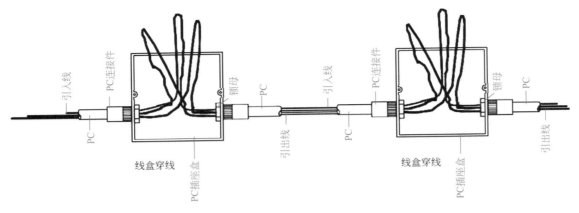

图 6-36　插座线盒穿线的其他方式

【施工】　插座电路的施工，涉及明装插座的布管走线与插座的固定安装与接线。如果是暗敷方式，则涉及暗装插座的布管布线与插座底盒的固定、插座面板的安装、插座面板的接线。暗装插座的布管，还涉及开槽工艺。

6.2.6　开关插座电路

开关插座电路如图 6-37 所示。

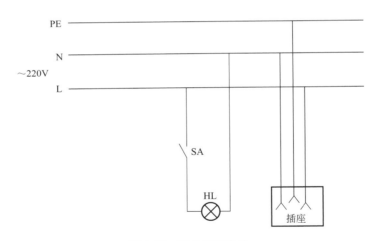

图 6-37　开关插座电路

【安装与施工】　开关插座电路的安装与施工图解如图 6-38 所示。

6.2.7　多个插座并联电路

某装饰工程次卧插座布置如图 6-39 所示。

【识图与安装施工】　识读装饰工程次卧插座布置图，也就是确定插座的定位、电源线的来源、电源线的分布情况。

确定插座的定位，也就是确定每个插座的具体位置，即高度是多少、宽度是多少，是确定的一个位置点。如果插座布置图上没有标注尺寸，则需要看说明与其他图纸来判断。例如，两床头柜边上的两插座的具体位置没有标注尺寸，只是大概的位置。两插座的具体位置的高度，需要根据说明来判断，即距离地面0.3m。两插座的具体位置的宽度，需要根据次卧A平面图来判断，即距离床边沿23mm，床的宽度为1800mm，靠近墙壁的衣柜宽度是580mm，除了衣柜的宽度外的空间宽度为2770mm。了解这些数据，主要是为了能够确定插座的宽度，如图6-40所示。

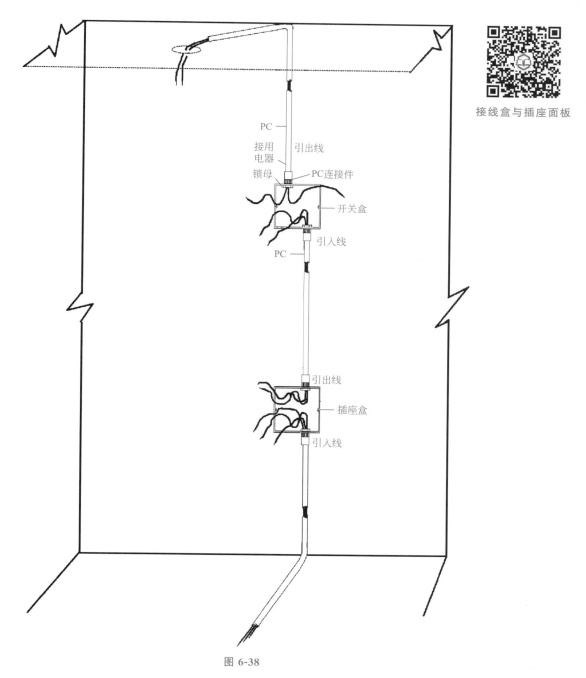

接线盒与插座面板

图 6-38

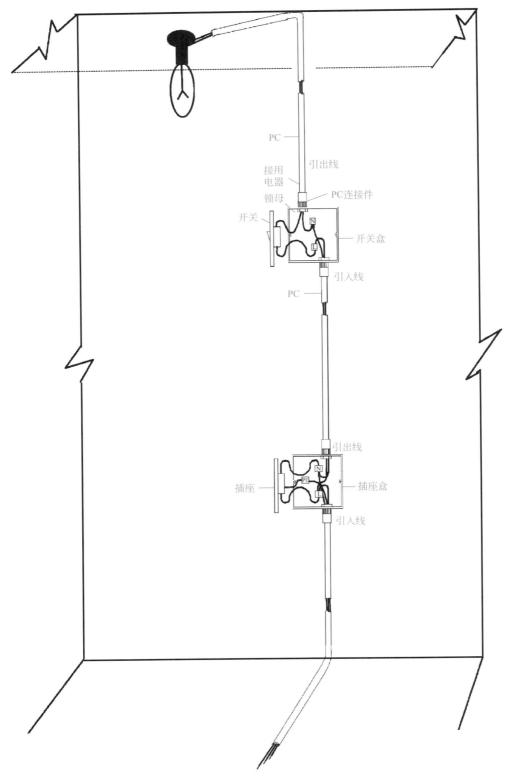

PC

引出线

接用
电器

锁母

PC连接件

开关

开关盒

引入线

PC

引出线

插座

插座盒

引入线

图 6-38　开关插座电路的安装与施工图解

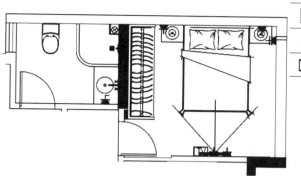

图例	名称	备注
⊥	五孔普通插座	距地面0.3m暗装
TV	电视插座	距地面0.3m暗装/电视柜台面以上
⊥	空调插座	距地面0.3m暗装/高度1800~2000mm内暗装
◢	电控箱	原建筑位置

回路：

厨房插座一条回路
卫生间插座一条回路
客餐厅、卧室、阳台插座一条回路
所有空调插座一条回路
所有照明一条回路

16A插座与10A
插座的比较

图6-39　某装饰工程次卧插座布置

次卧A平面图

图6-40　了解数据

插座的定位如图6-41所示。

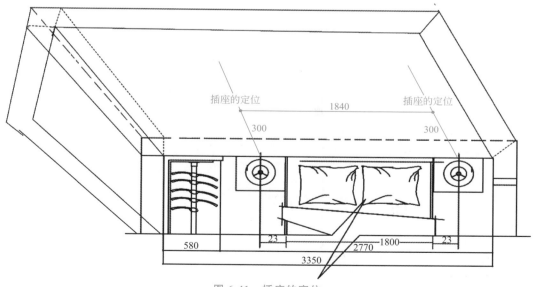

图6-41　插座的定位

识读图时，注意区别不同类型的插座，还需要了解插座的回路要求。例如，图例客厅＋卧室插座是一回路，空调插座是一回路。因此，该图的插座电源线的来源是 2 个，普通插座与空调插座的电源线分布是隔离的、独立的，如图 6-42 所示。

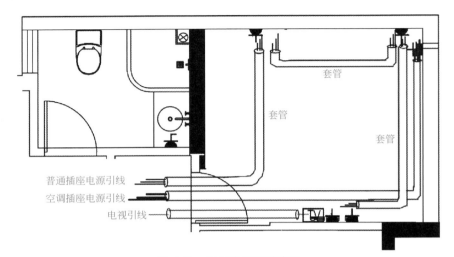

图 6-42　插座电源线的布置

6.2.8　装修天花灯具布置

某装修天花灯具布置如图 6-43 所示。

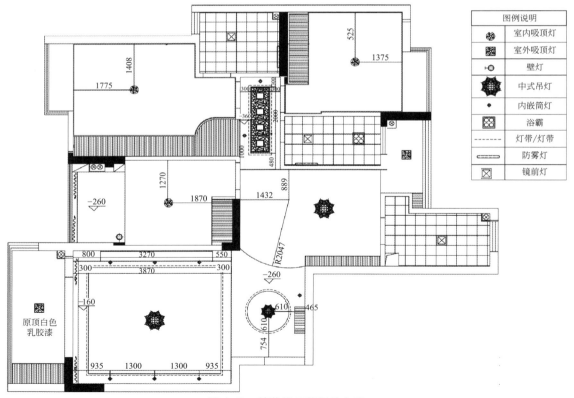

图例说明	
⊛	室内吸顶灯
⊠	室外吸顶灯
⊢⊙	壁灯
✴	中式吊灯
◆	内嵌筒灯
⊞	浴霸
------	灯带/灯带
▭	防雾灯
⊠	镜前灯

图 6-43　某装修天花灯具布置

【识图与安装施工】 看整体：本图例涉及的功能间有休闲阳台、客厅、餐厅、书房、主卧、次卧、次卫、厨房、生活阳台等。本图例涉及的灯具有中式吊灯、室内吸顶灯、室外吸顶灯、壁灯、内嵌筒灯、灯带、防雾灯、镜前灯等。客厅天花安装中式吊灯与内嵌筒灯，餐厅安装吊灯，主卧、次卧、书房安装室内吸顶灯与壁灯。

看具体灯具的具体定位：例如主卧吸顶灯的定位尺寸为（长度×宽度）1775mm×1408mm；次卧吸顶灯的定位尺寸为（长度×宽度）1375mm×1525mm；书房的吸顶灯的定位尺寸为（长度×宽度）1870mm×1270mm；客厅的吊灯的定位尺寸为（长度×宽度）610mm×754mm。客厅还有一盏吊灯的定位尺寸与其他灯具的定位尺寸需要间接掌握。

对于电工而言，除了看懂装修功能间的灯具类型、布置定位尺寸外，还需要掌握灯具相关的布管布线、相关联的开关定位与连接，以及电源线的来源、灯具的安装。

一些灯具的安装方法如图 6-44 所示。

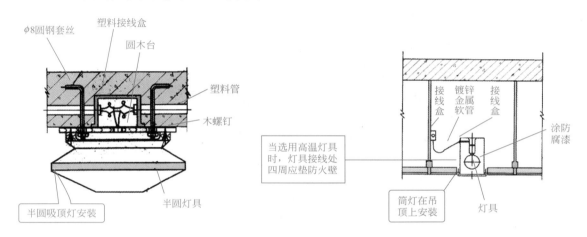

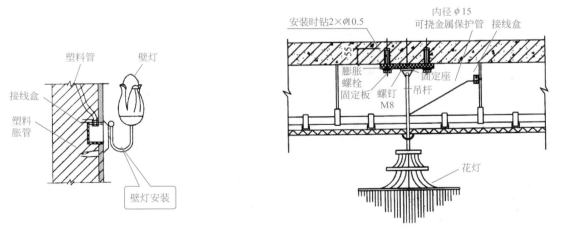

图 6-44　一些灯具的安装方法

6.2.9　塑料护套线直敷电路

塑料护套线直敷电路如图 6-45 所示。

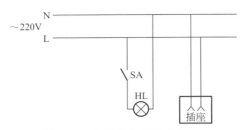

图 6-45 塑料护套线直敷电路

【安装】 安装塑料护套线时，红色的线作火线用，蓝色的线作零线用，如图 6-46 所示。

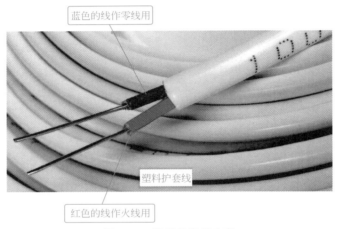

图 6-46 塑料护套线安装

【施工】 该塑料护套线直敷电路实物示意图如图 6-47 所示。

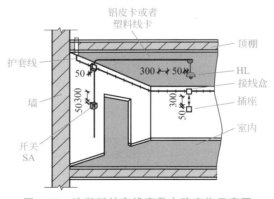

图 6-47 该塑料护套线直敷电路实物示意图

6.2.10 槽板配线

槽板配线电路如图 6-48 所示。

【安装】 槽板配线电路安装时，注意插座电线的连接，如图 6-49 所示。面对 2 孔插座、3 孔插座的正面，相线连在右孔的接线柱上，零线连在左孔的接线柱上，3 孔插座的地线连在上孔的接线柱上。

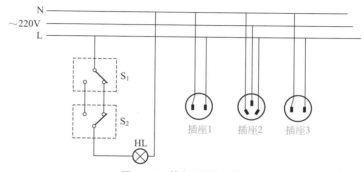

图 6-48 槽板配线电路

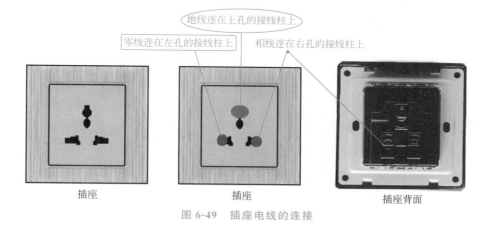

图 6-49 插座电线的连接

【施工】 该槽板配线电路实物示意图如图 6-50 所示。看电路图，双控开关 S_1、S_2 之间的 2 根连接线很短，现场施工时却很长，如图 6-51 所示。

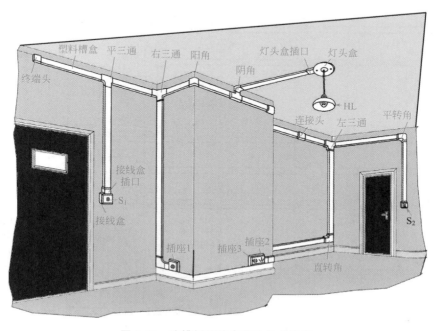

图 6-50 该槽板配线电路实物示意图

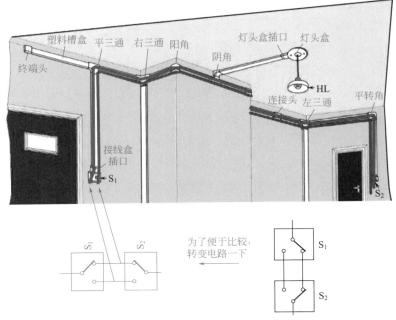

图6-51 双控开关间2根连接线的现场施工

6.2.11 地面内金属槽盒布置

地面内金属槽盒布置如图6-52所示。地面内金属槽盒布置图识图图解如图6-53所示。

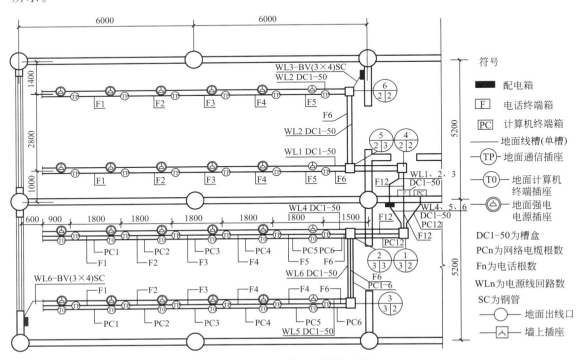

图6-52 地面内金属槽盒布置

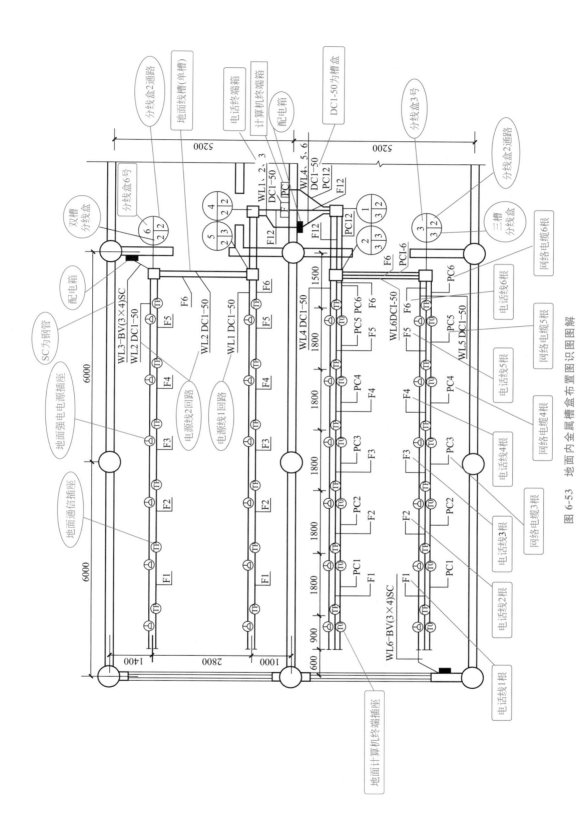

图 6-53 地面内金属槽盒布置识图图解

【施工】 地面内金属槽盒布置图实物示意图如图 6-54 所示。

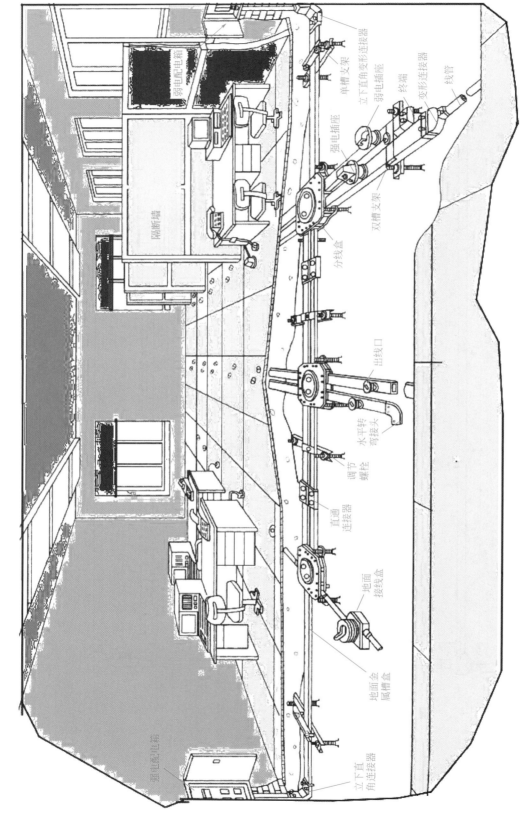

图 6-54 地面内金属槽盒布置图实物示意图

第 7 章

PLC、变频器、机器人
线路的识图与运用

7.1 PLC 线路

7.1.1 PLC 硬件系统简化图

PLC 硬件系统简化图与图解如图 7-1 所示。

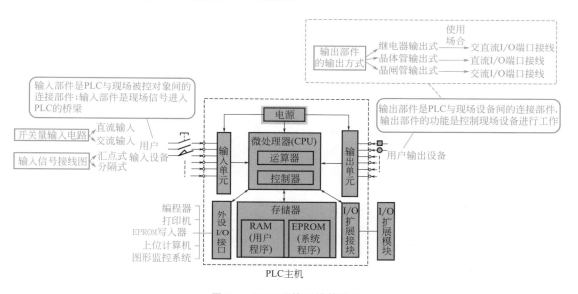

图 7-1 PLC 硬件系统简化图

【解说】 PLC 是 Programmable Logic Controller 的缩写，即可编程序逻辑控制器。根据结构，PLC 可以分为固定式 PLC、组合式（模块式）PLC。固定式 PLC 包括 CPU 板、I/O 板、显示面板、内存块、电源等，这些元素组合成一个不可拆卸的整体，即固定式整体。模块式 PLC，包括 CPU 模块、I/O 模块、内存、电源模块、底板或机架，这些模块元素可以根据一定规则组合配置。

初步识读 PLC 图、应用 PLC 图时，应掌握 PLC 的工作过程，如图 7-2 所示。

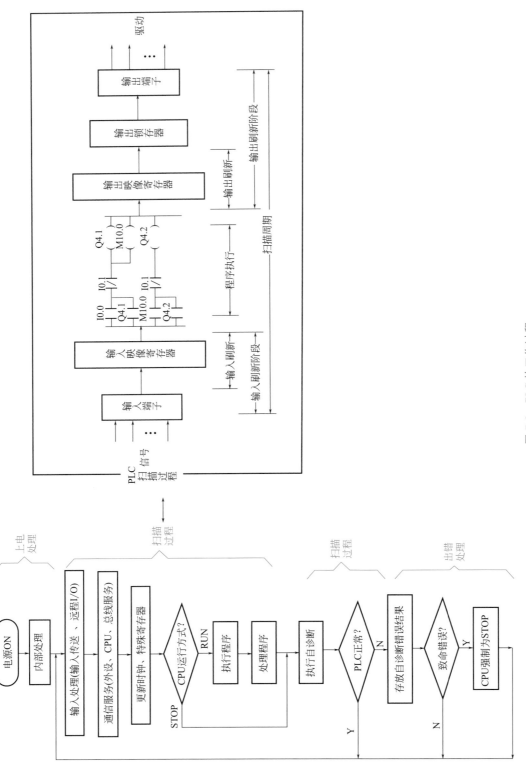

图 7-2　PLC 的工作过程

【节线法识图】 首先确定节点，然后确定节点间的连线，然后理清节点与连线间的关系，即识读 PLC 硬件系统简化图。

电源节点与输入单元节点、输出单元节点、CPU 节点均有单方向箭线联系，也就是电源节点均向输入单元节点、输出单元节点、CPU 节点提供电源。

CPU 节点与存储器节点、外设 I/O 节点、I/O 扩展节点均有双箭头线联系，也就是说 CPU 节点既接收存储器节点、外设 I/O 节点、I/O 扩展节点发送来的信号，也发送信号到存储器节点、外设 I/O 节点、I/O 扩展节点中。

【安装】 应用 PLC 一般不需要对于其内部硬件进行连接与安装。连接与安装，主要涉及其接线端的连接与接口的连接。一体化 PLC 如图 7-3 所示。模块化 PLC 如图 7-4 所示。

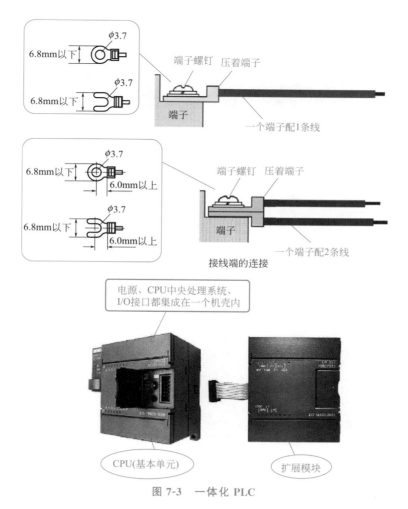

图 7-3　一体化 PLC

7.1.2　PLC 梯形图的初识

梯形图是 PLC 使用最多的图形编程语言，被称为 PLC 的第一编程语言。某 PLC 梯形图与图解如图 7-5 所示。

【解说】 初步识读 PLC 图、应用 PLC 图时，应掌握 PLC 梯形图与继电器控制电路的

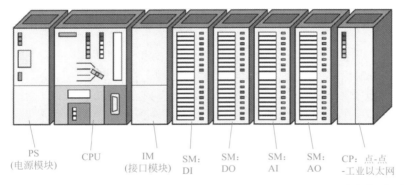

PS
(电源模块)　CPU　IM
(接口模块)　SM:
DI　SM:
DO　SM:
AI　SM:
AO　CP: 点-点
-工业以太网

CPU—中央处理单元　IM—接口模板
PS—电源单元　　FM—功能模板
SM—信号模板　　CP—通信模板

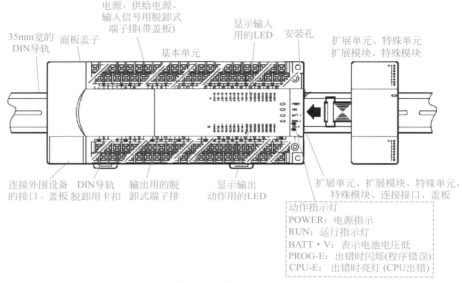

35mm宽的
DIN导轨　面板盖子　电源、供给电源、
输入信号用脱卸式
端子排(带盖板)　基本单元　显示输入
用的LED　安装孔　扩展单元、特殊单元
扩展模块、特殊模块

连接外围设备
的接口、盖板　DIN导轨
脱卸用卡扣　输出用的脱
卸式端子排　显示输出
动作用的LED　扩展单元、扩展模块、特殊单元、
特殊模块、连接接口、盖板

动作指示灯
POWER: 电源指示
RUN: 运行指示灯
BATT·V: 表示电池电压低
PROG-E: 出错时闪烁(程序错误)
CPU-E: 出错时亮灯 (CPU出错)

图 7-4　模块化 PLC

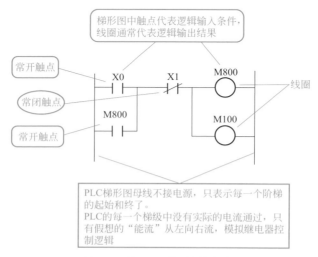

梯形图中触点代表逻辑输入条件，
线圈通常代表逻辑输出结果

常开触点　X0　X1　M800　线圈

常闭触点

M800

常开触点　M100

PLC梯形图母线不接电源，只表示每一个阶梯
的起始和终了。
PLC的每一个梯级中没有实际的电流通过，只
有假想的"能流"从左向右流，模拟继电器控
制逻辑

图 7-5　某 PLC 梯形图与图解

相似之处，但是也要明白它们间没有绝对的一一对应关系。PLC 梯形图与继电器控制电路的继电器符号比较如图 7-6 所示。

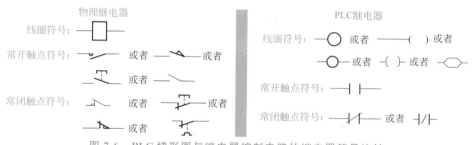

图 7-6　PLC 梯形图与继电器控制电路的继电器符号比较

PLC 采用梯形图编程是模拟继电器控制系统的表示方法，其图中的继电器不是真实的物理继电器，因而往往也叫作软继电器。PLC 中的继电器，有输入继电器、输出继电器、中间继电器等，均是软继电器。

PLC 中的软继电器，其实均为 PLC 存储器中的一个"位寄存器"。这些继电器（即软继电器、位寄存器）有两种相反状态。

① 线圈：状态为"1"时，表示该继电器线圈"得电"；状态为"0"时，表示该继电器线圈"失电"。

② 常闭触点：状态为"1"时，表示该触点"断开"；状态为"0"时，表示该触点"接通"。

③ 常开触点：状态为"1"时，表示该触点"接通"；状态为"0"时，表示该触点"断开"。

PLC 梯形图程序中的线圈不是实际的物理线圈，因此无法用 PLC 梯形图程序中的线圈直接驱动现场元件的执行机构。但是，其可以将输出线圈中的状态传输到输出映像寄存器相应位，该输出映像寄存器位中的状态"高电平 1"或"低电平 0"控制输出电路中相关电路，经功率放大后控制 PLC 输出器件（继电器或晶体管或晶闸管），控制外部现场元件的执行机构。

📖 拓展

　　PLC 梯形图程序中的线圈往往只能够调用一次。为此，尽量避免重复使用同一地址编号的线圈。PLC 内部继电器的触点，原则上可以无限次调用。

PLC 梯形图程序中的常开触点、常闭触点，不是实际的物理触点，其只是反映与现场物理开关状态相对应的输入映像寄存器或数据寄存器、输出映像寄存器或数据寄存器中的相应位的状态。PLC 中的常闭触点，是对位寄存器进行"取反"操作。PLC 中的常开触点，是对位寄存器状态进行"读取"操作。

继电器控制系统中电气元件间的连接，是通过硬接线连接实现控制功能的改变与联系，也就是说继电器控制系统中的连线，是实实在在的电线。PLC 中的程序控制接线，是通过程序实现的"软连接"。也就是说，只需要改变 PLC 用户程序，不需改变外部接线，就可以改变控制功能。

继电器控制系统中的电流，是真实的物理电流。PLC 梯形图程序中流过的"电流"，属于"能流"。PLC 中的这种"电流"（即能流）不允许倒流，流向只能够根据"从左到右""从上到下"的规则流动。这与 PLC"从左到右""从上到下"扫描顺序是一致的。PLC 中的这种"电流"（即能流）到达，则 PLC 软继电器的线圈得电接通。

【识图】 识读 PLC 梯形图，首先需要掌握 PLC 梯形图有关符号与其功能，见表 7-1。

表 7-1　PLC 梯形图有关符号与其功能

指令	功能	梯形图符号	指令	功能	梯形图符号	指令	功能	梯形图符号
ANDP	串联上升沿接点	⊣↑⊢	SET	置位	—[SET M3]	LDI	起始连接常闭接点	⊢/⊢
ANDF	串联下降沿接点	⊣↓⊢	RST	复位	—[RST M3]	LDP	起始连接上升沿接点	⊢↑⊢
ANB	串联导线	—	PLS	上升沿	—[PLS M2]	LDF	起始连接下降沿接点	⊢↓⊢
MPP	末回路分支导线	└	NOP	空操作		ORF	并联下降沿接点	⊔↓⊔
INV	接点取反	/	END	程序结束	—[END]	AND	串联常开接点	⊣⊢
ORB	并联导线	│	PLF	下降沿	—[PLF M3]	OR	并联常开接点	⊔⊔
MPS	回路向下分支导线	┬	MC	主控	—[MC N0 M2]	ORI	并联常闭接点	⊔/⊔
MRD	中间回路分支导线	├	MCR	主控复位	—[MCR N0]	ORP	并联上升沿接点	⊔↑⊔
ANI	串联常闭接点	⊣/⊢	OUT	普通线圈	—(Y000)	LD	起始连接常开接点	⊢⊢

7.1.3　PLC 梯形图中的输入继电器图

PLC 梯形图中的输入继电器图如图 7-7 所示。

图 7-7　PLC 梯形图中的输入继电器图

【识图】 PLC 梯形图中的输入继电器图图解如图 7-8 所示。

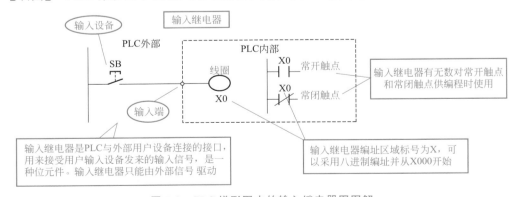

图 7-8　PLC 梯形图中的输入继电器图图解

7.1.4　PLC 梯形图中的输出继电器图

PLC 梯形图中的输出继电器图与识图图解如图 7-9 所示。

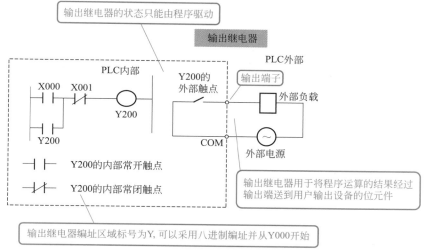

图 7-9　PLC 梯形图中的输出继电器图与识图图解

7.1.5　PLC 梯形图中的辅助继电器图

PLC 梯形图中的辅助继电器图与识图图解如图 7-10 所示。

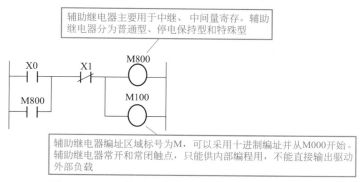

图 7-10　PLC 梯形图中的辅助继电器图与识图图解

　　PLC 中的定时器，其功能类似于继电接触器控制系统中的时间继电器。PLC 中的定时器编址区域标号常以 T000 开始。PLC 中的计数器编址区域标号常以 C000 开始。

7.1.6　PLC 实现的电动机启停电路

PLC 实现的电动机启停电路如图 7-11 所示。

【识图】　PLC 实现的电动机启停电路与其对应继电器控制系统对比识图图解如图 7-12 所示。

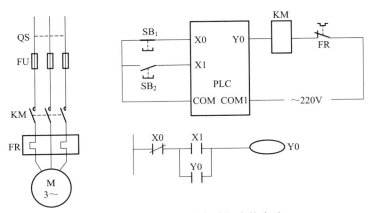

图 7-11　PLC实现的电动机启停电路

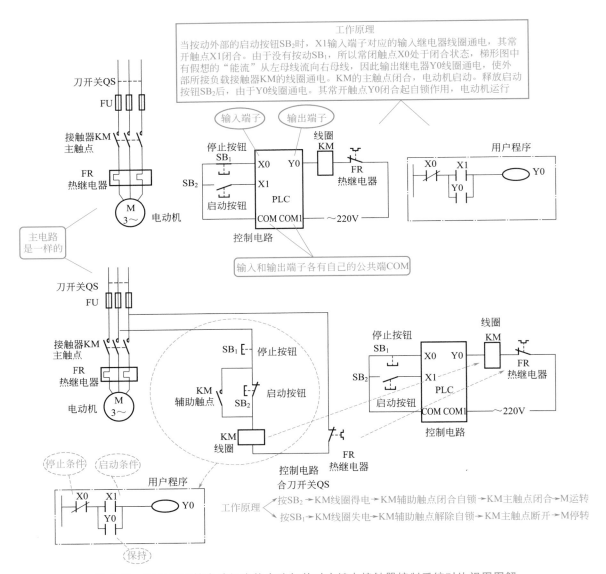

图 7-12　PLC实现的电动机启停电路与其对应继电接触器控制系统对比识图图解

【安装】 首先看 I/O 分配点与 PLC 外围硬件电路，然后根据图安装，如图 7-13 所示。

序号	端口	元件	功能
1	X0	SB$_1$	停止
2	X1	SB$_2$	启动
3	Y0	KM	启动电动机

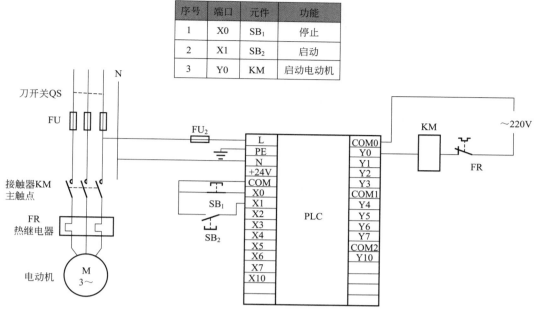

图 7-13　PLC 实现的电动机启停电路的安装

7.1.7　PLC 实现的电动机正反转电路

PLC 实现的电动机正反转电路如图 7-14 所示。

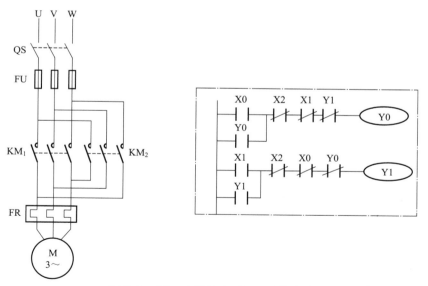

图 7-14　PLC 实现的电动机正反转电路

【识图】 PLC 实现的电动机正反转电路与其对应继电接触器控制系统对比识图图解如图 7-15 所示。

【安装】 PLC 实现的电动机正反转电路安装，如图 7-16 所示。

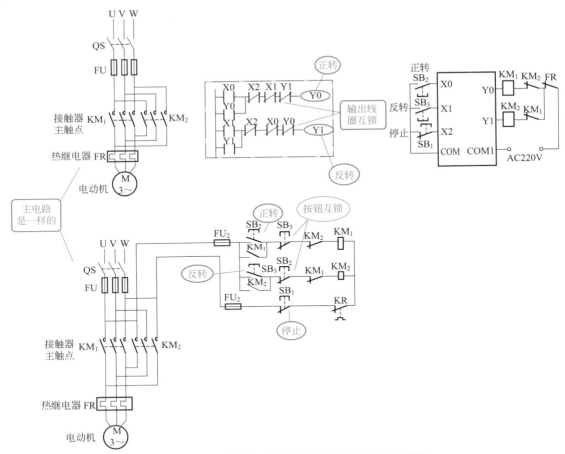

图 7-15　PLC 实现的电动机正反转电路对比识图图解

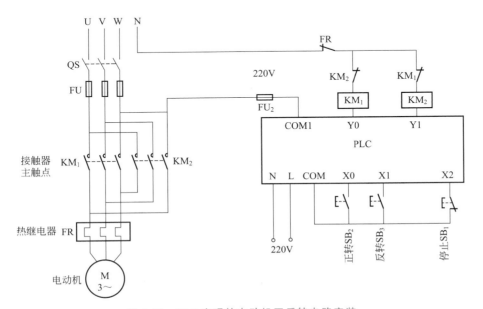

图 7-16　PLC 实现的电动机正反转电路安装

7.2 变频器电路

7.2.1 变频器自锁控制电动机线路

变频器自锁控制电动机线路如图 7-17 所示。

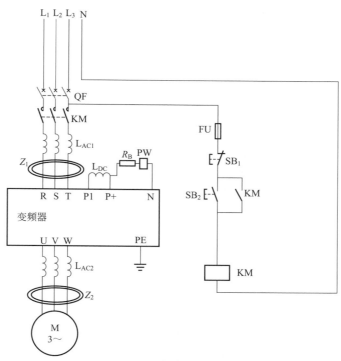

图 7-17　变频器自锁控制电动机线路

【解说】　变频器是把电压、频率固定不变的交流电变换为电压或频率可变的交流电的一种装置。变频器为了产生可变的电压、频率，需要首先把电源的交流电变换为直流电，然后把直流电变换为交流电。

变频器的分类方式有很多种，交-直-交等变频器的分类方式如下：

① 根据电压等级分为 220～240V、380～480V、660V、1140V 等。

其中高压变频器为 2～10kV；低压变频器为 380～660V。

② 根据电压等级分为低压变频器、高压变频器。

③ 根据控制方式分为 U/f 控制、转差频率控制、矢量控制。

④ 根据输出电压调节方式分为 PAM 方式、PWM 方式、高载波变频率 PWM 方式。

⑤ 根据输入电源的相数分为三进三出变频器、一进三出变频器。

⑥ 根据用途分为通用变频器、专用变频器、高性能通用变频器、高频变频器和小型变频器。

⑦ 根据直流电源的性质分为电流型变频器、电压型变频器。

⑧ 根据主电路使用的器件分为 IGBT、GTR、GTO、SCR、IGCT、MOSFET、IPM 变频器等。

【安装】 安装变频器前，应首先了解变频器的外观与各部分的特点、配置接线端子情况、安装方向要求、安装空间要求、接线图要求等。变频器 3G3RV-ZV1 的外观与各部分的特点如图 7-18 所示。变频器 3G3RV-ZV1 的配置接线端子如图 7-19 所示。3G3RV-B2220-V1 型示例接线如图 7-20 所示。

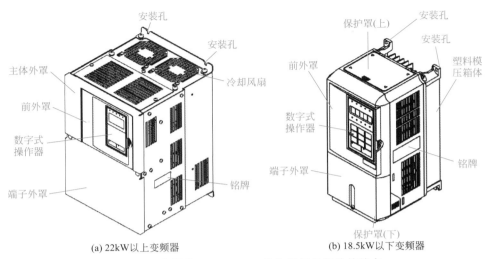

(a) 22kW以上变频器　　　　　　　(b) 18.5kW以下变频器

图 7-18　变频器 3G3RV-ZV1 的外观与各部分的特点

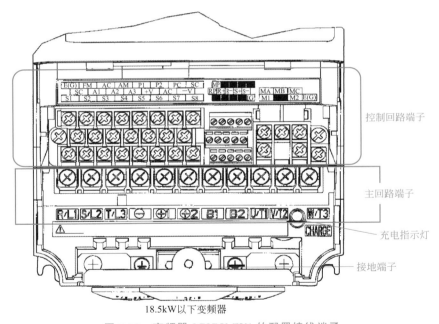

18.5kW以下变频器

图 7-19　变频器 3G3RV-ZV1 的配置接线端子

📖 拓 展

变频器配置接线端子常见的有主回路接线端子、控制回路接线端子、接地端子等。接线端子对于所用的电线规格、压接端子规格、端子螺钉规格等均有要求。

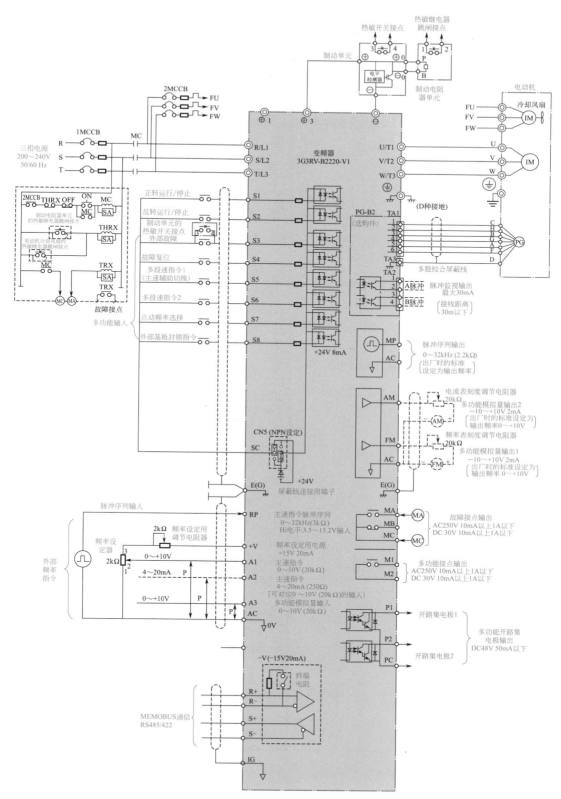

图 7-20　3G3RV-B2220-V1 型示例接线

变频器 3G3RV-×××，200V 级的电线尺寸、端子螺钉规格等要求见表 7-2。

表 7-2　变频器 3G3RV-×××，200V 级的电线尺寸、端子螺钉规格等要求

变频器的型号 3G3RV-□	端子符号	端子螺钉	紧固力矩 /N·m	可连接的电线尺寸 (AWG)/mm²	推荐电线尺寸(AWG) /mm²	电线种类
A2004-V1	R/L1,S/L2,T/L3,⊖,⊕1,⊕2,B1,B2,U/T1,V/T2,W/T3 ⏚	M4	1.2～1.5	2～5.5 (14～10)	2 (14)	
A2007-V1	R/L1,S/L2,T/L3,⊖,⊕1,⊕2,B1,B2,U/T1,V/T2,W/T3 ⏚	M4	1.2～1.5	2～5.5 (14～10)	2 (14)	
A2015-V1	R/L1,S/L2,T/L3,⊖,⊕1,⊕2,B1,B2,U/T1,V/T2,W/T3 ⏚	M4	1.2～1.5	2～5.5 (14～10)	2 (14)	
A2022-V1	R/L1,S/L2,T/L3,⊖,⊕1,⊕2,B1,B2,U/T1,V/T2,W/T3 ⏚	M4	1.2～1.5	2～5.5 (14～10)	2 (14)	
A2037-V1	R/L1,S/L2,T/L3,⊖,⊕1,⊕2,B1,B2,U/T1,V/T2,W/T3 ⏚	M4	1.2～1.5	3.5～5.5 (12～10)	3.5 (12)	供电用电缆 600V 乙烯电线等
A2055-V1	R/L1,S/L2,T/L3,⊖,⊕1,⊕2,B1,B2,U/T1,V/T2,W/T3 ⏚	M4	1.2～1.5	5.5 (10)	5.5 (10)	
A2075-V1	R/L1,S/L2,T/L3,⊖,⊕1,⊕2,B1,B2,U/T1,V/T2,W/T3 ⏚	M5	2.5	8～14 (8～6)	8 (8)	
A2110-V1	R/L1,S/L2,T/L3,⊖,⊕1,⊕2,B1,B2,U/T1,V/T2,W/T3 ⏚	M5	2.5	14～22 (6～4)	14 (6)	
A2150-V1	R/L1,S/L2,T/L3,⊖,⊕1,⊕2,U/T1,V/T2,W/T3	M6	4.0～5.0	30～38 (4～2)	30 (4)	
	B1,B2	M5	2.5	8～14 (8～6)	—	
	⏚	M6	4.0～5.0	22 (4)	22 (4)	

安装变频器时，需要注意以下事项。

① 安装变频器，可以根据变频器的特点，将其安装在清洁的场所或全封闭型、悬浮物体不能进入的控制柜内等。

② 安装变频器的场所，是不得有金属粉末、油、水等进入的地方。

③ 安装变频器的场所，需要避开有油雾、尘埃悬浮的场所。

④ 不要将变频器安装在有放射性物质、可燃物质的场所。

⑤ 不要将变频器安装在木材等易燃物的上面。

⑥ 不要将变频器安装在有盐蚀的场所。

⑦ 不要将变频器安装在有阳光直射的场所。

⑧ 不要将变频器安装在含有有害气体及液体的场所。

⑨ 不要将变频器安装在有振动的场所。

安装变频器时，需要防止钻孔时的金属屑等落入变频器内部。为了不使变频器的制冷效果降低，需要遵守变频器安装空间的要求。例如变频器 3G3RV-×××安装空间的要求如图 7-21 所示。

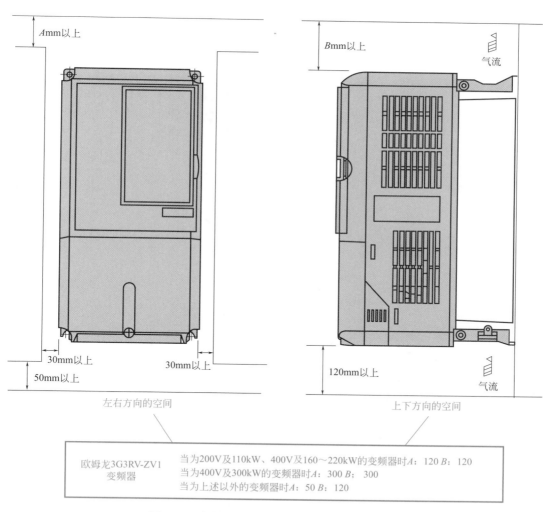

图 7-21　变频器 3G3RV-×××安装空间的要求

变频器自锁控制电动机线路主电路安装对照如图 7-22 所示。

电气多根导线的表示对照如图 7-23 所示。

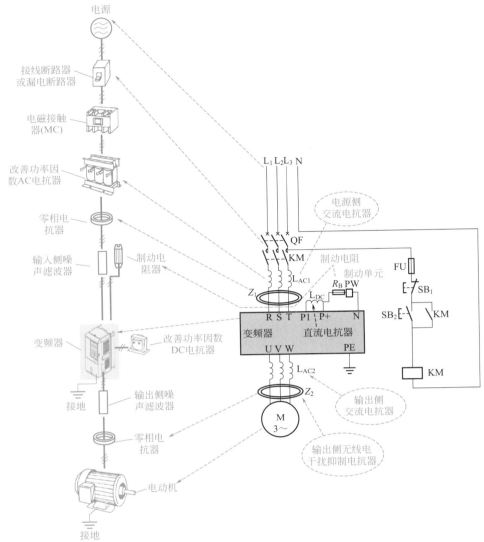

图 7-22　变频器自锁控制电动机线路主电路安装对照

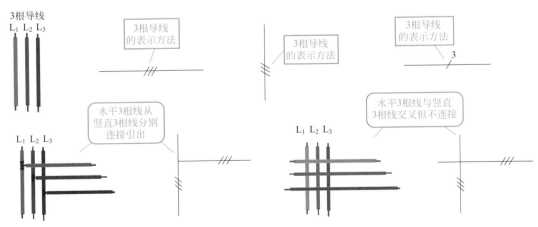

图 7-23　电气多根导线的表示对照

7.2.2 变频器启停控制电路

变频器启停控制电路如图7-24所示。

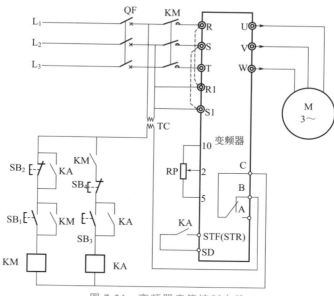

图7-24 变频器启停控制电路

【识图】 变频器启停控制电路图解识图如图7-25所示。变频器中STR端表示正转端，STF端表示反转端。SD端是输入端公共点端。

【安装】 安装时，主要涉及变频器的接线。例如，三菱 FR-S540 的接线与接线端的名称如图7-26所示。

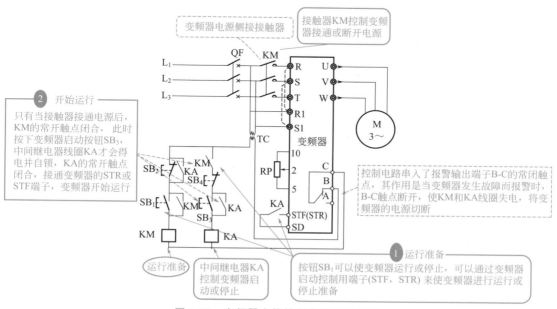

图7-25 变频器启停控制电路图解识图

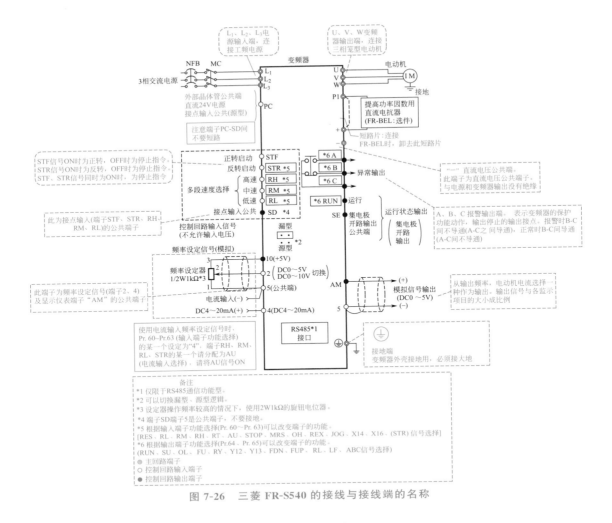

图 7-26　三菱 FR-S540 的接线与接线端的名称

7.2.3　PLC 控制的变频器启停控制电路

PLC 控制的变频器启停控制电路如图 7-27 所示。

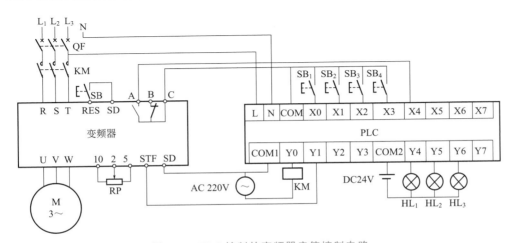

图 7-27　PLC 控制的变频器启停控制电路

【识图】 识读该图变频器部分，主要需要掌握变频器的端脚功能与外接特点。识读该图 PLC 部分，不但要掌握 PLC 端脚功能与外接特点，还需要掌握其程序。PLC 端脚功能与 I/O 分配如图 7-28 所示。三菱 FX_{2N} PLC SET 指令可用于 Y、M、S；RST 指令可用于复位 Y、M、S、T、C，或将字元件 D、V、Z 清零。

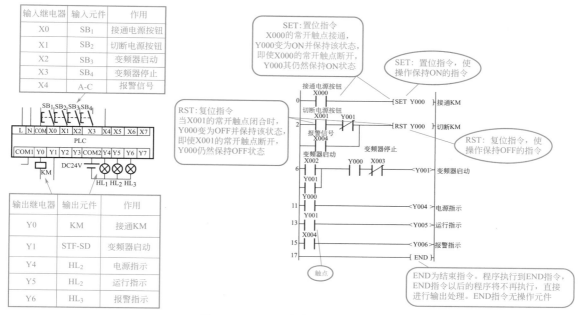

图 7-28　PLC 端脚功能与 I/O 分配

【安装】 PLC 三菱 FX_{2N}-48MR 端子如图 7-29 所示。

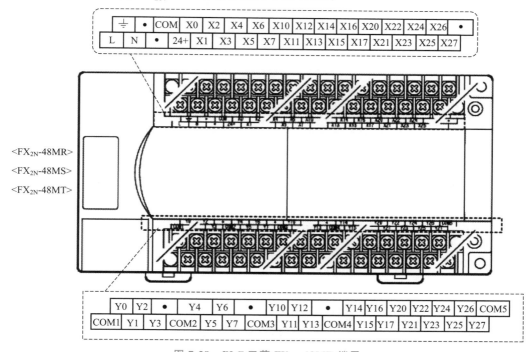

图 7-29　PLC 三菱 FX_{2N}-48MR 端子

7.3 机器人线路

7.3.1 机器人的类型

提到机器人，很多人就会联想到科幻片里的酷炫战斗机器人，以及儿童玩具机器人模型，这些机器人，更多的是强调与人外形相似。其实，应用型机器人更多的是强调与人"智慧"与"完成任务"的相似。另外，目前一些机器人突破了"人"的模仿，也就是模仿了其他生物的"智慧"与"完成任务"。为此，机器人被定义为模仿人类与动物行为的一种机器。这种机器，自然分类也比较多，如图7-30所示。

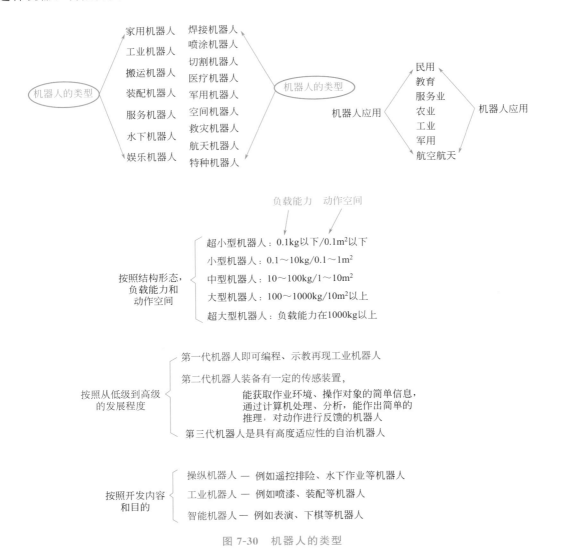

图 7-30　机器人的类型

特种机器人行业分类符号见表7-3。特种机器人空间分类符号见表7-4。特种机器人运动方式分类符号见表7-5。特种机器人功能分类符号见表7-6。

表 7-3　特种机器人行业分类符号

分类	符号基础	分类	符号基础
农业机器人	NY	军用机器人	JY
电力机器人	DL	核工业机器人	EJ （沿用核工业"EJ"代码）
建筑机器人	JZ		
物流机器人	WL	矿业机器人	KY
医用机器人	YY	石油化工机器人	SG
护理机器人	HL	市政工程机器人	SC
康复机器人	KF	其他行业机器人	HQT
安防与救援机器人	AJ		

表 7-4　特种机器人空间分类符号

分类	符号基础	分类	符号基础
地面机器人	DM	空中机器人	KZ
地下机器人	DX	空间机器人	KJ
水面机器人	SM	其他机器人	KQT
下水机器人	SX		

表 7-5　特种机器人运动方式分类符号

分类	符号基础	分类	符号基础
潜游式机器人	QY	轮式机器人	LS
固定式机器人	GD	履带式机器人	LD
喷射式机器人	PS	足腿式机器人	ZT
穿戴式机器人	CD	蠕动式机器人	RD
复合式机器人	FH	飞行式机器人	FX
潜游式机器人	QY	其他运动方式机器人	XQT

表 7-6　特种机器人功能分类符号

分类	符号基础	分类	符号基础	分类	符号基础
采掘	CJ	巡检	XJ	诊断	ZD
安装	AZ	侦察	ZC	治疗	ZL
检测	JC	排爆	PB	康复	KF
维护	WH	搜救	SJ	清洁	QJ
维修	WX	输送	SS	其他	GQT

根据机器人的品牌系，可以分为中系、日系、欧系等。其中一些品牌如图 7-31 所示。

7.3.2　机器人组成结构图的识读

机器人的主流是模仿"人"，因此，机器人的组成部分往往也是借鉴人的组成部分。人的最基本组成部分就是身体结构、肌肉系统、感官系统、能量源、大脑系统等，如图 7-32 所示。

图 7-31 机器人的一些品牌

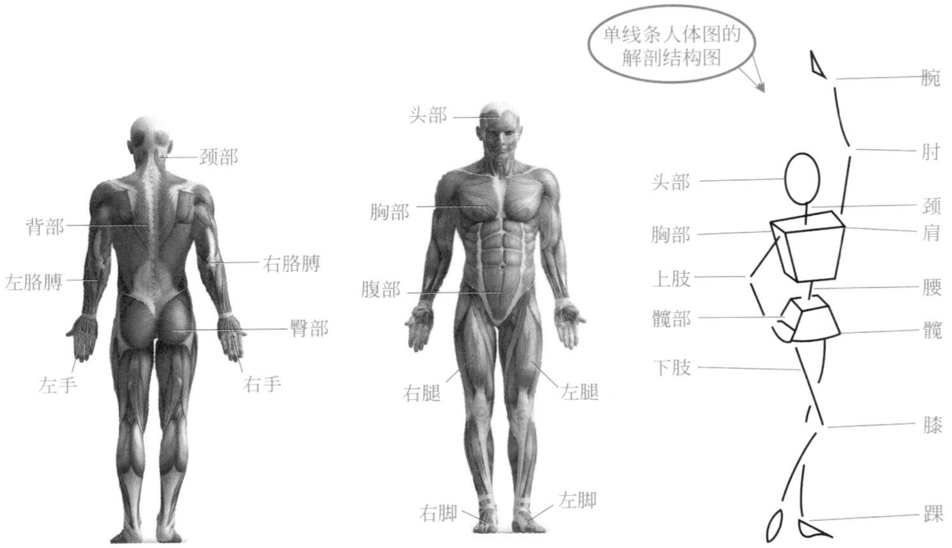

图 7-32 人体的组成部分

一款酷似人的机器人如图 7-33 所示。

典型的机器人是由可移动的身体和可控的大脑组成的。

机器人操作方式标签见表 7-7。

表 7-7 机器人操作方式标签

方式	图形符号	方式	图形符号
自动	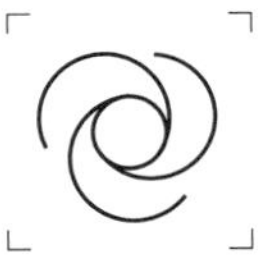	手动高速	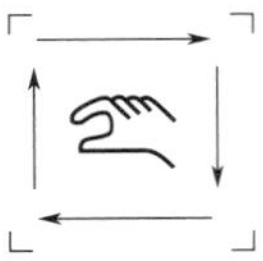
手动降速	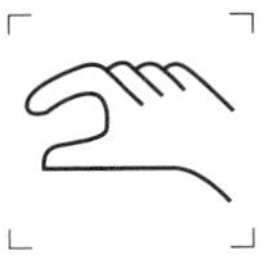		

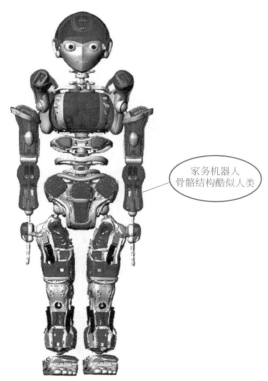

图 7-33　一款酷似人的机器人

机器人常见的术语见表 7-8。

表 7-8　机器人常见的术语

术语	解　说
定位精度	指机器人末端参考点实际到达的位置与所需要到达的理想位置之间的差距
刚度	机身或臂部在外力作用下抵抗变形的能力。它是用外力和在外力作用方向上的变形量（位移）之比来度量的
工作空间	机器人工作参考点或末端操作器安装点（不包括末端操作器）所能到达的所有空间区域，一般不包括末端操作器本身所能到达的区域
关节	允许机器人各零件间发生相对运动的机构
连杆	机器人上被相邻两关节分开的部分
重复性或重复精度	在相同的位置指令下，机器人连续重复若干次其位置的分散情况。它是衡量一列误差值的密集程度，即重复度
自由度	或者称坐标轴数，是指描述物体运动所需的独立坐标数。手指的开、合，以及手指关节的自由度一般不包括在内

7.3.3　工业机器人控制器模块化框图

工业机器人控制器模块化框图与图解如图 7-34 所示。一些工业机器人，由控制器（控制柜）和机械手组成。控制器（控制柜）包括主机、电源分配器、安全控制器板、驱动装置、供电装置、接触器等。机器人机械手的特点如图 7-35 所示。

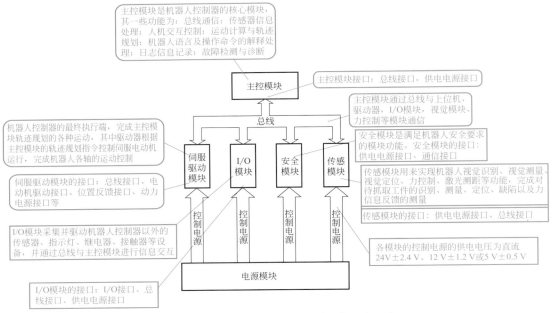

图 7-34　工业机器人控制器模块化框图与图解

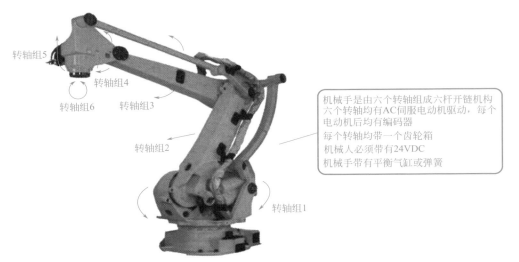

图 7-35　机器人机械手的特点

7.3.4　机器人主电源电路

某机器人主电源电路与图解如图 7-36 所示。

【识图】　三相电源 L_1、L_2、L_3 经过隔离开关 QF_1 后，由电源滤波器 Q 滤波，然后由变压器 T 变压。

有的机器人电路变压器把 380V 变压为 220V，然后 220V 输入开关电源电路，经过开关电源电路产生低压，供给低压给各单元模块电源。

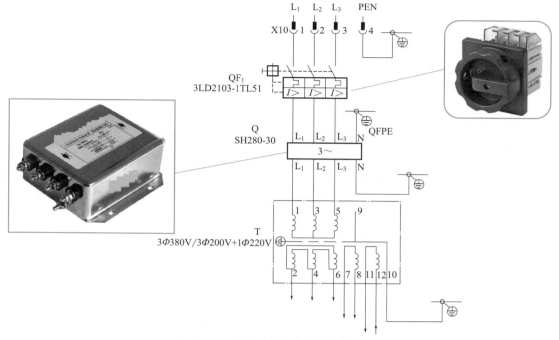

图 7-36　某机器人主电源电路与图解

3Φ380V/3Φ200V＋1Φ220V：表示变压器初级（输入）为 380V 三相电，即 3Φ 表示三相电，380V 表示电压为交流电 380V。变压器次级（输出）为 200V 三相电与 220V 单相电。

机器人电路中有采用导轨式开关电源的情况。例如 DR-240-24，其直流输出电压为 24V、额定输出电流为 10A、输出功率为 240W。

有的机器人输入的三相电源 L_1、L_2、L_3，还需要引入到伺服驱动模块。

电路中的 3LD2103-1TL51 是负荷隔离开关，其绝缘耐压为 690V，峰值耐受电流为 25A。

电路中的 SH280-30 是三相四线电源滤波器，其原理图如图 7-37 所示。电源滤波器是对电源线中特定频率的频点或该频点外的频率进行有效滤除，或者得到一个特定频率的电源信号的一种电器设备。电源滤波器是一种无源双向网络，其一端为电源端，另一端是负载端。

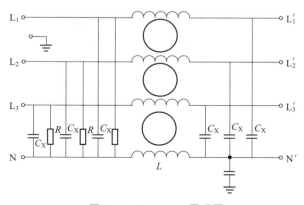

图 7-37　SH280-30 原理图

附录　随书附赠视频汇总

书中相关视频汇总

电路的基本组成	电路实体与电路图中元件的对照	采用节点法进行识读	电容极性的判断
一些电容表示的图解	整流二极管电极的观察法判断	某些电路中出现的场效应管符号表示与图解	电阻限流电路
电容滤波电路	电容退耦电路	PT4107 集成电路 LED 驱动电路	万用表表笔
万用表量程挡位	万用表使用前注意事项	指针万用表检测判断电位器	$1\mu F$ 以上固定电容好坏的检测
指针万用表检测电感	数字万用表检测电感	指针万用表检测整流二极管	数字万用表检测整流二极管

集成电路观察法的判断	电热水壶结构	建筑接线盒预埋要求	明装接线盒与暗装接线盒的比较
一灯一开关电路	拇指开关与翘板开关的比较	灯头座	装饰中底盒与后期工艺间的配合
灯头接线导线结扣的做法	插座面板	接线盒与插座面板	16A 插座与 10A 插座的比较

本书拓展视频汇总

| 白板的应用 | 插座间的连接方式之一 | 断路器的搭接引线与独立引线 | 建筑电工对接线盒与电管的预埋 |
| 某款燃气热水器的点火针与感应针 | 某款燃气热水器的内部结构 | 燃气热水器风压开关的故障 | 燃气热水器风压开关的检测 |

燃气热水器风压开关的认识	燃气热水器微动开关的在线检测	燃气热水器微动开关的作用	数字万用表检测直流电压
显示器好坏的判断			

参 考 文 献

[1] 阳鸿钧，等.装修水电工看图学招全能通 [M].北京：机械工业出版社，2014.

[2] 12YD8 内线工程.

[3] 阳鸿钧，等.维修电工操作技巧 [M].北京：中国电力出版社，2010.

[4] GB/T 33262—2016 工业机器人模块化设计规范.

[5] 阳鸿钧，等.电工电子基础 [M].北京：中国电力出版社，2009.

[6] DBJT27-28（新 2001XD802）住宅建筑电气安装图集.

[7] 阳鸿钧，等.精准快识别与检测实用元器件 [M].北京：机械工业出版社，2011.

[8] JB/T 2930—2007 低压电器产品型号编制方法.

[9] 阳许倩，等.图解万用表使用 [M].北京：化学工业出版社，2019.

[10] 阳鸿钧，等.通用元器件应用与检测 [M].北京：中国电力出版社，2009.

[11] GB/T 4026—2019 人机界面标志标识的基本和安全规则 设备端子、导体终端和导体的标识.

[12] 阳鸿钧，等.小家电维修看图动手全能修 [M].北京：机械工业出版社，2015.

[13] 最新 LED 及其驱动电路速查手册编写组.最新 LED 及其驱动电路速查手册 [M].北京：机械工业出版社，2011.

水电工
数据尺寸便查手册

目　　录

1. 住宅套型的使用面积数据尺寸

表1　住宅套型的使用面积数据尺寸要求

项　目	数据
由兼起居的卧室、厨房、卫生间等组成的最小套型使用面积要求	不应小于 $22m^2$
由卧室、起居室(厅)、厨房、卫生间等组成的套型使用面积要求	不应小于 $30m^2$

2. 住宅卧室、起居室（厅）使用面积数据尺寸

表2　住宅卧室、起居室（厅）使用面积数据尺寸要求

项　目	数据
单人卧室使用面积要求	不应小于 $5m^2$
兼起居的卧室使用面积要求	不应小于 $12m^2$
起居室(厅)使用面积要求	不应小于 $10m^2$
双人卧室使用面积要求	不应小于 $9m^2$
无直接采光的餐厅、过厅等使用面积要求	不宜大于 $10m^2$

3. 住宅卫生间使用面积数据尺寸

表3　住宅卫生间使用面积数据尺寸要求

项　目	数据
单设便器时的使用面积要求	不应小于 $1.1m^2$
三件卫生设备(便器、洗浴器、洗面器)集中配置时的使用面积要求	不应小于 $2.5m^2$
设便器、洗面器时的使用面积要求	不应小于 $1.8m^2$
设便器、洗浴器时的使用面积要求	不应小于 $2m^2$
设洗面器、洗衣机时的使用面积要求	不应小于 $1.8m^2$
设洗面器、洗浴器时的使用面积要求	不应小于 $2m^2$

4. 厨房净尺寸限值

表 4　厨房净尺寸限值要求

项　　目	数据尺寸
操作厨房和与餐厅合用的餐室厨房进深净尺寸	不宜小于 3m
操作厨房开间净尺寸	不应小于 1.6m（或者 1.5m）
厨房安装燃气热水器、燃气壁挂式采暖炉的空间净高	宜大于 2.4m
厨房安装燃气灶的空间净高	不应低于 2.2m
与餐厅合用的餐室厨房开间净尺寸	不应小于 2.7m
与起居室、餐厅合用的起居餐室厨房开间净尺寸	不应小于 3.3m，或者视平面布局来确定

5. 厨房竖向排气道与水平排气管接驳口数据尺寸

表 5　厨房竖向排气道与水平排气管的接驳口数据尺寸要求

项　　目	数据尺寸
接驳口开口直径	宜为 180mm
接驳口中心净空高度	宜为 2300mm
接驳口中心与上层楼板垂直间距	不小于 200mm
吸油烟机接驳口的操作侧应有最小净距	350mm 的检修空间

6. 厨房给水管系统数据尺寸

表 6　厨房给水管系统数据尺寸要求

项　　目	数据尺寸
厨房内给水管道采用隐蔽式的管道明装方式管中心与地面、墙面的间距	不应大于 80mm
冷热水给水管接口处安装角阀的高度	宜为 500mm
热水器水管预留到热水器正下方且高出地面的高度	1200～1400mm
热水器水管预留冷热水管间距	不少于 150mm

7. 厨房排水管系统数据尺寸

表7　厨房排水管系统数据尺寸要求

项　目	数据尺寸
采用 PVC 管材、管件的排水管道进行加长处理时，端部留直管的长度	不小于 60mm
厨房洗涤槽的排水管接口，距地面完成面的高度	宜为 400～500mm
厨房洗涤槽的排水管接口，伸出墙面完成面的尺寸	不小于 150mm
厨房洗涤槽的排水管接口高于主横支管中心尺寸	不小于 100mm
横支管转弯时应采用的附件组合角度	45°弯头组合
立管的三通接口中心距地面完成面的高度	不应大于 300mm
排水口与连接的排水管道所能承受热水的温度	90℃

8. 厨房设备设施数据尺寸

表8　厨房设备设施数据尺寸要求

项　目	数据尺寸
厨房工作台面高度	800～850mm
厨房工作台面与吊柜底面的距离	宜为 500～700mm
吊柜、吸油烟机底面距地面高	宜为 1400～1600mm
吸油烟机平面尺寸应大于灶具平面尺寸的尺寸	100mm 以上
嵌入式厨房电器最大深度（地柜要求）	应小于 500mm
嵌入式厨房电器最大深度（吊柜要求）	应小于 300mm
嵌入式灶具与吸油烟机中心线偏移允许误差	±20mm 内
燃气热水器的阀门、观察孔高度（考虑适老、无障碍性）	不大于 1100mm
燃气热水器与燃气灶具的水平净距	不小于 300mm
燃气热水器正面应留的净空尺寸	600mm 以上
燃气热水器左右两侧应留净空尺寸	200mm 以上
洗涤槽外缘到给水主管距离	不宜小于 50mm
洗涤槽外缘到墙面距离	应不小于 70mm

项　目	数据尺寸
灶具柜外缘与燃气主管道水平距离	不小于 300mm
灶具柜左右外缘到墙面之间距离	不小于 150mm

9. 厨房电气系统数据尺寸

表 9　厨房电气系统数据尺寸要求

项　目	数据尺寸
保护地线线径	不得小于 N 线与 PE 线的线径
厨房采用安全型插座	安装在 1.8m 及以下的插座
导线应采用的截面	不小于 5mm^2 的铜芯绝缘线

10. 嵌入式厨房设备空间宽度

表 10　嵌入式厨房设备空间宽度要求

名称	宽度空间尺寸/mm	名称	宽度空间尺寸/mm
洗碗机	≥600	燃气灶	≥750
电冰箱(单开门)	≥700	吸油烟机	≥900
电冰箱(双开门)	≥1000	洗涤槽	≥600(单池) ≥900(双池)
电冰箱(嵌入式)	≥600	电烤箱	≥600
燃气热水器	≥600	微波炉	≥600
消毒柜	≥600		

注：当壁柜型厨房采用 3M 电气灶具时,其宽度空间尺寸可适当减小。

11. 厨房管线布置数据尺寸

表 11　厨房管线布置数据尺寸要求

项　目	数据尺寸
立管管线区包覆宽度	不宜大于 0.5m
立管管线区包覆深度	不宜大于 0.7m
水平管线应布置在地柜后部的管线区内,其宽度尺寸	不宜小于 80mm

表 12　燃气管与墙面净距数据尺寸要求

燃气管管径	与墙面净距/mm
当管径≤DN25 时	30
当管径在 DN25～DN40 时	50
当管径＝DN50 时	70

12. 厨房燃气设备入口高度

表 13　厨房燃气设备入口高度要求

项　目	数据尺寸
燃气表燃气入口管高度	宜为 1.08～2.50m
热水器燃气入口管与冷热水进出口管高度	宜为 1.20m 左右
双眼灶燃气入口管高度	宜为 0.65m

13. 厨房燃气排烟道口径要求与烟道抽力要求

表 14　厨房燃气排烟道口径要求与烟道抽力要求

项　目	数据尺寸
壁挂式(容积式)暖浴炉排烟口直径要求	不应小于 DN80
热负荷 30kW 以下的居民用气设备,烟道的抽力要求	不应小于 3Pa
热水器的排烟口直径要求	不应小于 DN100
双眼灶的吸油烟机烟口直径要求	不应小于 DN180

14. 厨房电源插座高度

表 15　厨房电源插座高度要求

高度/mm	数量/个	适用设备举例	备注
300	3	洗碗机、烤箱、电冰箱	当电源线穿过水平管线区时,必须加钢套管。电源插座宜成组布置,并靠近用电设备
1200	4	微波炉、电饭锅、消毒柜、烤箱、开水壶等厨房小家电、热水器	
2100	2	吸油烟机、燃气报警装置、排气扇	

15. 家装水电测量标准线（弹线）高度

表 16　家装水电测量标准线（弹线）高度要求

项目	高度数据	说　明
插座水平线	30cm	插座水平线距地面的高度一般根据完成后的弹线确定，并且保证同类所有插座在一个水平面
开关插座水平线高度差	3mm	3mm 是指单位区间内，开关插座水平高度差不得超过的数据
	5mm	5mm 是指整间房屋开关插座水平高度差不得超过的数据。如果特殊位置有需要，则需要根据要求、设计等进行施工
开关水平线	130cm	开关距地面水平线的高度一般根据完成后的弹线确定，并且保证同类所有开关在一个水平面
水平基准线	1m	1m 高度水平基准线，是为全屋设置的一个水平基准线，便于后期施工中涉及需要考虑水平的项目参考
	0.9m	有的项目不设置1m 共同高度水平基准线，而设置 0.9m 共同高度水平基准线

16. 家装水电打孔开槽定位划线数据尺寸

表 17　家装水电打孔开槽定位划线数据尺寸要求

项目	数据尺寸	说　明
ϕ16mm 管开槽深度	不少于 3.1cm	具体的开槽深度，还需要考虑空间不同，后期管上施工工艺不同，管上配接设备实施不同，并且需要根据实际情况来确定
ϕ20mm 管开槽深度	不少于 3.5cm	
纯直水管、电管开槽宽度	单管外径＋（1～1.5cm）	纯直水管、电管，也就说没有水管、电管附件的水路、电路
带有附件的水管、电管开槽宽度	附件外径＋（1～1.5cm）	因直接、弯头、三通、带丝附件等水管、电管附件的外径要比水管、电管大，所以带有附件的水管、电管开槽宽度需要根据水路、电路中最宽的附件来考虑。如果根据最宽的附件来开槽带来施工困难、不便等情况，则可以根据水管、电管开槽宽度来确定，附件位置则根据附件开槽宽度来确定

项目	数据尺寸	说　明
封槽水泥砂浆厚度	不少于 1.5cm	具体的开槽深度，还需要考虑空间不同，后期管上施工工艺不同，管上配接设备实施不同，并且需要根据实际情况来确定

17. 家装暗盒、箱的数据尺寸

表 18　家装暗盒、箱的数据尺寸要求

项目	数据尺寸	说　明
插座、开关电线暗盒内预留长度	大于 15cm	插座、开关电线暗盒内预留长度大概就是暗盒的两个边长。该数值没有硬性数据标准，灵活性大。有的项目要求底盒内线头预留长度为 20cm
	大于 20cm	如果插座、开关有护墙板、大理石等情况，则插座、开关电线暗盒内预留长度应在 20cm 以上
家居强电配电箱剩余电流动作保护器动作电流要求	不应大于 30mA	家居配电箱回路编号要齐全，标识要正确，箱内要带有剩余电流动作保护器
家居强电配电箱剩余电流动作保护器动作时间要求	不应大于 0.1s	
家居强电配电箱箱底距地高度	不低于 1.6m	每套住宅要设置不少于一个家居配电箱。家居配电箱宜暗装在套内走廊、门厅、起居室等便于维修维护的地方
弱电箱预埋距地面高度	35cm	强弱电交叉的位置，弱电线管需要用锡纸包管，以防干扰
需要增设拉线盒管线长度	超过 15m	暗线敷设必须配管。管线长度超过 15m 或有两个直角弯时，需要增设拉线盒
一般暗盒与暗盒中间预留缝隙	2.7cm	一般暗盒与暗盒相邻两侧螺杆眼中心距离为 2.7cm，以便于开关面板装上后两盒中间没有缝隙。如果采取的是特殊的面板或者暗盒，则需要施工前先预排，确定施工中的暗盒与暗盒中间预留缝隙

18. 家装线路线管数据尺寸

表 19 家装线路线管数据尺寸要求

项目	数据尺寸	说　　明
$10mm^2$ 线预留线管规格	直径 $\phi32mm$ 的 PVC 管	需要满足管内电源线(包括电线绝缘外皮)不得超过 PVC 管内径截面积的 40%。另外,PVC 管内所有电线不得有接头与扭接现象
$4mm^2$ 线预留线管规格	直径 $\phi20mm$ 的 PVC 管	
$6mm^2$ 线预留线管规格	直径 $\phi25mm$ 的 PVC 管	
暗敷金属导管管壁厚度要求	不小于 1.5mm	住宅建筑套内配电线路布线可采用金属导管或塑料导管
暗敷塑料导管管壁厚度要求	不小于 2mm	
潮湿地区配电线路布线的塑料导管壁或金属导管壁厚度要求	小于 2mm	潮湿地区明敷的金属导管需要做防腐、防潮处理
电线要拧紧搪锡或采用压接帽连接的规格	面积 $2.5mm^2$ 及以下的多股导线	家装截面积 $2.5mm^2$ 及以下的多股导线连接要拧紧搪锡或采用压接帽连接
电源线与暖水管、热水管、煤气管之间交叉距离	不应小于 100mm	电源线与暖水管、热水管、煤气管之间交叉距离不应小于 100mm
电源线与暖水管、热水管、煤气管之间平行距离	大于或等于 300mm	电源线与暖水管、热水管、煤气管之间间距应大于或等于 300mm
家装导线间与导线对地间绝缘电阻要求	应大于 $0.5M\Omega$	家装电线、电缆绝缘要良好,导线间与导线对地间绝缘电阻应大于 $0.5M\Omega$
家装一般线管规格	直径 $\phi20mm$ 的 PVC 管	家装一般线管采用直径 $\phi20mm$ 的 PVC 管,强电线管选择红色,弱电选择蓝色。目前,一般不全部选择白色 PVC 管
每套住宅的电话通信进户线要求	不应少于 1 根	每套住宅的电话通信进户线不应少于 1 根

项目	数据尺寸	说　明
每套住宅的有线电视进户线要求	不应少于 1 根	每套住宅的有线电视进户线不应少于 1 根
每套住宅分支回路截面要求	不应小于 2.5mm^2	每套住宅电气线路要采用符合安全、符合防火要求的敷设方式进行配线。目前套内的电气管线,一般采用穿管暗敷设方式进行配线,并且导线要采用铜芯绝缘线,以及每套住宅分支回路截面不应小于 2.5mm^2
每套住宅进户线截面要求	不应小于 10mm^2	每套住宅电气线路要采用符合安全、符合防火要求的敷设方式进行配线。目前套内的电气管线,一般采用穿管暗敷设方式进行配线,并且导线要采用铜芯绝缘线,以及每套住宅进户线截面不应小于 10mm^2
普通三室二厅最少回路	6 个回路	普通三室二厅必需最少保证 6 个回路,也就是照明回路、插座回路、空调回路、柜机回路、冰箱回路、厨卫回路等
强电弱电水平间距	大于或者等于 300mm	强电弱电水平间距应大于或者等于 300mm,严禁同槽或同管敷设
同 1 根管内电线总根数	不应超过 8 根	同一回路电线要穿入同 1 根管内,并且管内总根数不应超过 8 根
线管固定好后的水泥砂浆抹平高度	抹平面要低于墙面 5mm	所有线管都要固定好后再用水泥砂浆抹平。抹平面要低于墙面 5mm
线管允许弯扁程度	不大于管径的 1/10	线管需要用专用的弹簧弯管器来弯曲,并且弯扁程度不大于管径的 1/10
线缆保护导管暗敷时,外护层厚度要求	不小于 15mm	—
消防设备线缆保护导管暗敷时,外护层厚度要求	不小于 30mm	—
信息网络系统的线路每套住宅的进户线要求	不应少于 1 根	信息网络系统的线路每套住宅的进户线不应少于 1 根

项目	数据尺寸	说　明
浴霸预留线管规格	直径 $\phi20mm$ 的 PVC 管	一般浴霸预留直径 $\phi20mm$ 的 PVC 管即可，特殊浴霸需要施工前根据设备实施具体确定

19. 家装插座数据尺寸

表 20　家装插座数据尺寸要求

项目	数据尺寸	说　明
安全型插座采纳要求	安装在 1.8m 及以下的插座	住宅套内安装在 1.8m 及以下的插座均要采用安全型插座
厨房电炊具、洗衣机电源插座底边距地高度要求	宜为 1～1.3m	—
床头柜插座距床头宽	150mm	床头柜插座距床头宽一般 150mm
床头柜插座一般距地高度	750mm	床头柜插座一般距地 750mm
电话暗装插座底边距地高度（卫生间空间）	1～1.3m	—
电话暗装插座底边距地高度（一般空间）	0.3～0.5m	—
电视暗装插座底边距地高度	0.3～1m	—
电源插座底边距地高度	宜为 300mm	电源插座底边距地宜为 300mm
电源线（插座）与电视线（插座）的水平间距要求	不应小于 500mm	电源线（插座）与电视线（插座）的水平间距不应小于 500mm
分体式空调器、吸油烟机、排风机、电热水器电源插座底边距地高度要求	不宜低于 1.8m	—
柜式空调、冰箱及一般电源插座底边距地高度要求	宜为 0.3～0.5m	—
每一回路插座数量要求	不宜超过 10 个（组）	除了厨房、卫生间外，其他功能房要设置至少一个电源插座回路

项目	数据尺寸	说　明
吸油烟机、排风机、洗衣机、冰箱、空调器、电热水器等单台单相家用电器的单相三孔插座额定电流参数	10A 或 16A	这些设备需要根据其额定功率选用 10A 或 16A 的单相三孔电源插座
平开关板底边距地高度	1400mm	平开关板底边距地宜为 1400mm
起居室(厅)、兼起居的卧室、卧室、书房、厨房、卫生间的一般单相两孔、三孔电源插座额定电流参数	10A	—
未封闭阳台、洗衣机电源插座防护等级要求	IP54	—
信息暗装插座底边距地高度（一般空间）	0.3~0.5m	—
装有淋浴、浴盆的卫生间,电热水器电源插座底边距地高度要求	不宜低于 2.3m	装有淋浴、浴盆的卫生间,电热水器电源插座底边距地不宜低于 2.3m

20. 开关插座安装高度允许偏差

表 21　家装开关插座安装高度允许偏差

项　目	允许偏差/mm
并列安装开关插座高度允许偏差	0.5
同一墙面开关插座高度允许偏差	2
同一室内同一标高开关插座高度允许偏差	5

21. 家装照明与灯数据尺寸

表 22　家装照明与灯数据尺寸要求

项目	数据尺寸	说　明
灯具固定螺钉要求	不应少于 2 个	灯具安装要牢固可靠,每个灯具固定螺钉不应少于 2 个

项目	数据尺寸	说　明
要采用螺栓固定或采用吊挂固定的灯具	质量大于 3kg 的灯具	质量大于 3kg 的灯具,要采用螺栓固定或采用吊挂固定
电线要拧紧搪锡或采用压接帽连接的规格	截面积 2.5mm² 及以下多股导线	截面积 2.5mm² 及以下多股导线连接要拧紧搪锡或采用压接帽连接
吊灯自重超过 3kg 以上的情况	预埋件 1 根或者加 2 根丝杆	吊灯自重超过 3kg 以上的情况,要先在承重顶板上安装丝杆预埋件 1 根。如果是超重灯具,则应加 2 根丝杆
吊顶灯头线应预留长度要求	50cm 或根据总长度来预留	吊顶灯头线应预留 50cm,以及卷成弹簧形状。如果是超高吊顶,则根据总长度来预留
家装导线间与导线对地间绝缘电阻要求	应大于 0.5MΩ	家装电线、电缆绝缘要良好,导线间与导线对地间绝缘电阻应大于 0.5MΩ
家装照明试验要求	8h	家装照明宜做 8h 全负荷试验
同一回路的照明线路的灯具数量	不得多于 25 盏	同一回路的照明线路的灯具不得多于 25 盏,并且总功率不应大于 3kW

22. 家装电气其他数据尺寸

表 23　家装电气其他数据尺寸要求

项目	数据尺寸	说　明
家装局部等电位联结导线要求	不应小于 4mm²	家装局部等电位联结排与各连接点间需要采用多股铜芯有黄绿色标的导线连接,不得进行串联,导线截面积不应小于 4mm²
每套住宅的用电负荷要求	不得小于 2.5kW	每套住宅的用电负荷一般根据套内建筑面积与用电负荷计算来确定,并且不得小于 2.5kW
要设置独立吊挂结构的设备	超过 3kg 的设备	超过 3kg 的电扇、其他设备要设置独立吊挂结构

12

23. 卫生器具安装高度

表24 卫生器具安装高度要求

名称	卫生器具安装高度——居住、公共建筑/mm	卫生器具安装高度——幼儿园/mm	说明
大便槽冲洗水箱	≥2000	—	自台阶面到水箱底
蹲式大便器——低水箱	900	900	自台阶面到低水箱底
蹲式大便器——高水箱	1800	1800	自台阶面到高水箱底
妇女卫生盆	360		自地面到器具上边缘
挂式小便器	600	450	自地面到下边缘
盥洗槽	800	500	自地面到器具上边缘
化验盆	800	—	
污水盆（池）——架空式	800	800	—
污水盆（池）——落地式	500	500	
洗涤盆（池）	800	800	自地面到器具上边缘
洗脸盆、洗手盆（有塞、无塞）	800	500	
小便槽	200	150	自地面到台阶面
浴盆	≤520	—	自地面到器具上边缘
坐式大便器——低水箱（虹吸喷射式）	470	370	自地面到低水箱底
坐式大便器——低水箱（外露排水管式）	510	—	
坐式大便器——高水箱	1800	1800	自地面到高水箱底

24. 卫生器具安装允许偏差与检验法

表 25　卫生器具安装允许偏差与检验法

项目	允许偏差/mm	检验法
标高——成排器具	±10	拉线、吊线、尺量来检查
标高——单独器具	±15	
器具垂直度	3	吊线和尺量检查
器具水平度	2	水平尺和尺量检查
坐标——成排器具	5	拉线、吊线、尺量来检查
坐标——单独器具	10	

25. 卫生器具给水配件安装高度

表 26　卫生器具给水配件安装高度要求

给水配件名称	配件中心距地面高度/mm	冷热水龙头距离/mm
大便槽冲洗水箱截止阀(从台阶面算起)	≥2400	—
蹲式大便器(台阶面算起)——带防污助冲器阀门(从地面算起)	900	—
蹲式大便器(台阶面算起)——低水箱角阀	250	—
蹲式大便器(台阶面算起)——高水箱角阀及截止阀	2040	—
蹲式大便器(台阶面算起)——脚踏式自闭冲洗阀	150	—
蹲式大便器(台阶面算起)——拉管式冲洗阀(从地面算起)	1600	—
蹲式大便器(台阶面算起)——手动式自闭冲洗阀	600	—
妇女卫生盆混合阀	360	—
挂式小便器角阀及截止阀	1050	—
盥洗槽——冷热水管、上下并行、其中热水龙头	1100	150
盥洗槽——水龙头	1000	150
架空式污水盆(池)水龙头	1000	—

给水配件名称	配件中心距地面高度/mm	冷热水龙头距离/mm
立式小便器角阀	1130	—
淋浴器——混合阀	1150	
淋浴器——截止阀	1150	95
淋浴器——淋浴喷头下沿	2100	
落地式污水盆(池)水龙头	800	
实验室化验水龙头	1000	
洗涤盆(池)水龙头	1000	150
洗脸盆——角阀(下配水)	450	—
洗脸盆——水龙头(上配水)	1000	150
洗脸盆——水龙头(下配水)	800	150
洗手盆水龙头	1000	
小便槽多孔冲洗管	1100	
浴盆水龙头(上配水)	670	150
住宅集中给水龙头	1000	
坐式大便器——低水箱角阀	150	
坐式大便器——高水箱角阀及截止阀	2040	

注：装设在幼儿园内的洗手盆、洗脸盆、盥洗槽水嘴中心离地面安装高度应为700mm，其他卫生器具给水配件的安装高度，应根据卫生器具实际尺寸相应减少。

26. 卫生器具给水配件安装标高允许偏差

表27 卫生器具给水配件安装标高允许偏差

项 目	允许偏差/mm	检验法
大便器高、低水箱角阀与截止阀	±10	
淋浴器喷头下沿	±15	尺量检查
水嘴	±10	
浴盆软管淋浴器挂钩	±20	

说明：浴盆软管淋浴器挂钩的高度如果设计没有要求，则应距地面1.8m。

27. 卫生器具排水管道安装允许偏差与检验法

表 28　卫生器具排水管道安装允许偏差与检验法

项　目	允许偏差/mm	检验法
横管弯曲度——横管长度＞10m，全长	10	水平尺检查
横管弯曲度——横管长度≤10m，全长	＜8	
横管弯曲度——每 1m 长	2	
卫生器具的接口标高——成排器具	±5	水平尺、尺量检查
卫生器具的接口标高——单独器具	±10	
卫生器具的排水管口、横支管的纵横坐标——成排器具	5	尺量检查
卫生器具的排水管口、横支管的纵横坐标——单独器具	10	

28. 连接卫生器具的排水管管径与最小坡度

表 29　连接卫生器具的排水管管径与最小坡度要求

名　称	排水管管径/mm	管道的最小坡度/‰
大便器——高、低水箱	100	12
大便器——拉管式冲洗阀	100	12
大便器——自闭式冲洗阀	100	12
单、双格洗涤盆(池)	50	25
化验盆(无塞)	40～50	25
家用洗衣机	50(软管为 30)	—
净身器	40～50	20
淋浴器	50	20
污水盆(池)	50	25
洗手盆、洗脸盆	32～50	20

名　称	排水管管径/mm	管道的最小坡度/‰
小便器——手动、自闭式冲洗阀	40～50	20
小便器——自动冲洗水箱	40～50	20
饮水器	20～50	10～20
浴盆	50	20

29. 家装水、暖、气其他数据尺寸

表30　家装水、暖、气其他数据尺寸要求

项目	数据尺寸	说　明
防水层高出地面数据	100mm	防水层要从地面延伸到墙面,并且高出地面100mm
家装常见水管梯度规格	32-25-20	家装常见水管梯度规格:主水管用32mm规格、顶部水管用25mm规格、墙面水管用20mm规格的
家装厨房灶具的离墙间距	不应小于200mm	家装厨房灶具的离墙间距不应小于200mm
家装阀门卡子	2个卡子	家装阀门处两端需要加2个卡子
家装户内燃气管道与燃具连接软管长度要求	不得大于2m	家装户内燃气管道与燃具采用软管连接,长度不得大于2m,中间不得有接口,以及不得有弯折、龟裂、拉伸、老化等现象
家装集中生活热水系统配水点的供水水温	不得低于45℃	家装集中生活热水系统配水点的供水水温一般不得低于45℃
家装淋浴间低于相连室内地面高度	不宜小于20mm	家装淋浴间低于相连室内地面高度不宜小于20mm或设置挡水条,挡水条要安装牢固、密实
家装入户管的供水压力	不应大于0.35MPa	家装入户管的供水压力一般不应大于0.35MPa
家装水管打压试验要求	0.6～0.8MPa、1h,不小于0.05MPa	家装水管完工后,需要进行PPR管打压试验。试验要求:加压0.6～0.8MPa下稳压1h,压力下降不小于0.05MPa即合格
家装拖把池出水口距地高度	800mm	家装拖把池出水口一般距地800mm

项目	数据尺寸	说　　明
家装卫生器具存水弯和有水封地漏的水封高度	不得小于50mm	家装卫生器具存水弯和有水封地漏的水封高度不得小于50mm
家装洗衣机出水口距地高度	1200mm	家装洗衣机出水口一般距地1200mm
冷出水口、热出水口与瓷砖要凸出或凹进要求	0～3mm	家装所有冷出水口、热出水口与瓷砖要凸出或凹进0～3mm，且保持水平垂直。具体是凸出还是凹进，需要根据实际工况、材料、设备实施等来确定
两层以上玻纤布的防水上、下搭接幅宽要求	1/2幅宽	两层以上玻纤布的防水施工，上、下搭接要错开，并且为幅宽的1/2
嵌入墙内冷水管水泥砂浆保护厚度	不小于10mm	—
嵌入墙内热水管水泥砂浆保护厚度	不小于15mm	—
水表后热水供水支管长度	一般不宜超过8m	家装集中生活热水系统热水表后或户内热水器不循环的热水供水支管，长度一般不宜超过8m
水管吊筋间距	应小于60cm	家装水管吊筋间距应小于60cm，以确保后期使用水管受力均匀
水管固定好后再用水泥砂浆抹平要求	低于墙面5mm	家装所有水管都要固定好后再用水泥砂浆抹平。抹平面要低于墙面5mm
涂膜防水玻纤布搭接宽度	不小于100mm	涂膜防水玻纤布的接槎要顺流水方向搭接，并且搭接宽度应不小于100mm
要安装可拆卸的连接件的配水点的数量	3个或3个以上	家装给水立管和装有3个或3个以上配水点的支管始端，均要安装可拆卸的连接件
浴室墙面的防水层高度	不低于1800mm	浴室墙面的防水层不得低于1800mm
住宅管道燃气的供气压力	不高于0.2MPa	住宅管道燃气的供气压力一般不高于0.2MPa
住宅内各类用气设备入口压力	0.75～1.5倍燃具额定压力范围内	住宅内各类用气设备应使用低压燃气，其入口压力一般在0.75～1.5倍燃具额定压力范围内

项目	数据尺寸	说　明
住宅套内用水点供水压力	不宜大于0.2MPa	住宅套内用水点供水压力一般不宜大于0.2MPa,以及不应小于用水器具要求的最低压力

30. 建筑室内给水管道系统试验压力

表 31　建筑室内给水管道系统试验压力要求

项目	数据尺寸	说　明
金属、复合管给水管道系统试验压力	10min、不大于0.02MPa	金属、复合管给水管道系统在试验压力下观测10min,压力降不应大于0.02MPa,然后降到工作压力进行检查,不渗不漏为合格
室内给水管道系统试验压力	为工作压力的1.5倍,但是不得小于0.6MPa	室内给水管道的水压试验必须符合设计要求。设计未注明时,各种材质的给水管道系统试验压力均为工作压力的1.5倍,但是不得小于0.6MPa
塑料管给水系统试验压力	稳压1h,压降不超过0.05MPa,1.15倍工作压力、稳压2h,压降不超过0.03MPa	塑料管给水系统应在试验压力下稳压1h,压降不得超过0.05MPa;然后在工作压力的1.15倍状态下稳压2h,压降不超过0.03MPa,同时检查各连接处不渗漏为合格

31. 建筑室内箱式消火栓的安装要求

表 32　建筑室内箱式消火栓的安装要求

项　目	数据尺寸	说　明
阀门中心距箱侧面距离允许偏差	±5mm	—
阀门中心距箱侧面距离	140mm	—
阀门中心距箱后内表面距离	100mm	—
栓口中心距地面高度	1.1m	栓口中心距地面为1.1m
栓口中心距地面高度允许偏差	±20mm	栓口中心距地面高度允许偏差±20mm
消火栓箱体安装的垂直度允许偏差	3mm	—

32. 室内给水设备安装允许偏差与检验法

表33　室内给水设备安装允许偏差与检验法

项　　目			允许偏差/mm	检验法
离心式水泵	立式泵体垂直度(每米)		0.1	水平尺、塞尺检查
	卧式泵体水平度(每米)		0.1	水平尺、塞尺检查
	联轴器同心度	轴向倾斜(每米)	0.8	在联轴器互相垂直的四个位置上用水准仪、百分表、测微螺钉、塞尺检查
		径向位移	0.1	
静置设备	坐标		15	经纬仪、拉线、尺量检查
	标高		±5	水准仪、拉线、尺量检查
	垂直度(每米)		5	吊线、尺量检查

33. 室内给水管道、设备保温层厚度与平整度允许偏差

表34　室内给水管道、设备保温层厚度与平整度允许偏差

项　　目		允许偏差/mm	检验法
表面平整度	卷材	5	用2m靠尺、楔形塞尺检查
	涂抹	10	
厚度		$+0.1\delta$ -0.05δ	用钢针刺入检查

注：δ表示为保温层厚度。

34. 板式直管太阳能热水器安装允许偏差与检验法

表35　板式直管太阳能热水器安装允许偏差与检验法

项　　目	允许偏差	检验法
标高——中心线距地面/mm	±20	尺量检查
固定安装朝向——最大偏移角	不大于15°	分度仪检查

35. 建筑室内给水其他数据尺寸

表 36　建筑室内给水其他数据尺寸要求

项目	数据尺寸	说　明
采用承插或套管焊接的室内铜管规格	管径小于 22mm	室内铜管连接可采用专用接头或焊接。管径小于 22mm 时宜采用承插或套管焊接，并且承口要迎介质流向安装
采用对口焊接的室内铜管规格	管径大于或等于 22mm	室内铜管连接可采用专用接头或焊接，管径大于或等于 22mm 时，一般宜采用对口焊接
采用法兰或卡套式专用管件连接的给水镀锌钢管规格	管径大于 100mm	管径大于 100mm 的镀锌钢管要采用法兰或卡套式专用管件连接，并且镀锌钢管与法兰的焊接处要二次镀锌
采用螺纹连接的给水镀锌钢管规格	管径小于或等于 100mm	室内管径小于或等于 100mm 的镀锌钢管要采用螺纹连接
给水管铺在排水管的下面时加套管长度	不得小于排水管管径的 3 倍	给水管一般应铺在排水管上面。如果给水管必须铺在排水管的下面时，则给水管要加套管，并且其长度不得小于排水管管径的 3 倍
给水水平管道坡向泄水装置的坡度	2‰～5‰	给水水平管道要有 2‰～5‰ 的坡度坡向泄水装置
螺翼式水表进水口中心标高允许偏差	±10mm	螺翼式水表进水口中心标高根据设计要求，允许偏差为 ±10mm
螺翼式水表前与阀门直线管段要求	不小于 8 倍水表接口直径	安装螺翼式水表，表前与阀门要有不小于 8 倍水表接口直径的直线管段
螺翼式水表外壳距墙表面净距	10～30mm	螺翼式水表外壳距墙表面净距为 10～30mm
室内给水引入管与排水排出管的水平净距	不得小于 1m	室内给水引入管与排水排出管的水平净距不得小于 1m

项目	数据尺寸	说　明
室内给水与排水管道垂直净距	不得小于 0.15m	室内给水与排水管道垂直净距不得小于 0.15m
室内给水与排水管道平行敷设时,两管间的最小水平净距	不得小于 0.5m	室内给水与排水管道平行敷设时,两管间的最小水平净距不得小于 0.5m

36. 建筑室内生活污水铸铁管道的坡度

表 37　建筑室内生活污水铸铁管道的坡度要求

生活污水铸铁管管径/mm	标准坡度/‰	最小坡度/‰
50	35	25
75	25	15
100	20	12
125	15	10
150	10	7
200	8	5

37. 建筑室内生活污水塑料管道的坡度

表 38　建筑室内生活污水塑料管道的坡度要求

生活污水塑料管管径/mm	标准坡度/‰	最小坡度/‰
50	25	12
75	15	8
110	12	6
125	10	5
160	7	4

38. 建筑室内排水塑料管道支架、吊架间距

表 39　建筑室内排水塑料管道支架、吊架间距要求

塑料管管径/mm	50	75	110	125	160
立管支、吊架间距/m	1.2	1.5	2	2	2
横管支、吊架间距/m	0.5	0.75	1.1	1.3	1.6

39. 建筑室内排水、雨水管道安装允许偏差

表 40　建筑室内排水、雨水管道安装允许偏差

项目				允许偏差/mm	检验法
坐标				15	
标高				±15	
横管纵横方向弯曲	铸铁管	每米		≤1	水准仪、直尺、拉线、尺量检查
		全长(25m 以上)		≤25	
	钢管	每米	管径小于或等于 100mm	1	
			管径大于 100mm	1.5	
		全长(25mm 以上)	管径小于或等于 100mm	≤25	
			管径大于 100mm	≤308	
	塑料管	每米		1.5	
		全长(25m 以上)		≤38	
	钢筋混凝土管、混凝土管	每米		3	
		全长(25m 以上)		≤75	
立管垂直度	铸铁管	每米		3	吊线、尺量检查
		全长(5m 以上)		≤15	
	钢管	每米		3	
		全长(5m 以上)		≤10	
	塑料管	每米		3	
		全长(5m 以上)		≤15	

40. 建筑淋浴室地漏管径

表 41　建筑淋浴室地漏管径要求

淋浴器数量/个	地漏管径/mm
1～2	50
3	75
4～5	100

41. 建筑排水立管底部到室外检查井中心的最大长度

表 42　建筑排水立管底部到室外检查井中心的最大长度要求

管径/mm	50	75	100	100 以上
最大长度/m	10	12	15	20

42. 建筑排水横管直线管段上清扫口间的最大距离

表 43　建筑排水横管直线管段上清扫口间的最大距离要求

管径/mm	距离/m	
	生活污水	生活废水
50～75	8	10
100～150	10	15
200	20	25

43. 小区建筑室外生活排水管道检查井井距

表 44　小区建筑室外生活排水管道检查井井距要求

管径/mm	检查井井距/m
≤160(150)	≤30
≥200(200)	≤40
315(300)	≤50

注：表中括号内的数值是埋地塑料管内径。

44. 小区室外生活排水管道最小管径、最小设计坡度、最大设计充满度

表 45　小区室外生活排水管道最小管径、最小设计坡度、最大设计充满度要求

管别	最小管径/mm	最小设计坡度	最大设计充满度
接户管	160(150)	0.005	
支管	160(150)	0.005	0.5
干管	200(200)	0.004	
	≥315(300)	0.003	

注：1. 接户管管径不得小于建筑物排出管管径。

　　2. 表中括号内的数值是埋地塑料管内径。

45. 建筑每套住宅的用电负荷与电能表的选择要求

表 46　建筑每套住宅的用电负荷与电能表的选择要求

套型	建筑面积 S/m^2	用电负荷/kW	电能表(单相)/A
A	$S \leqslant 60$	3	5(20)
B	$60 < S \leqslant 90$	4	10(40)
C	$90 < S \leqslant 150$	6	10(40)

46. 建筑住宅电能表箱安装高度

表 47　建筑住宅电能表箱安装高度

项　　目	高度/m
安装在电气竖井内的电能表箱宜明装,箱的上沿距地	不宜高于2
电能表箱安装在公共场所时,暗装箱底距地	宜为1.5
电能表箱安装在公共场所时,明装箱底距地	宜为1.8

47. 建筑住宅配电线路——导管布线要求

表 48　建筑住宅配电线路——导管布线要求

项　　目	数据
暗敷的金属导管管壁厚度	不应小于1.5mm

项　目	数据
暗敷的塑料导管管壁厚度	不应小于 2mm
敷设在垫层的线缆保护导管最大外径	不应大于垫层厚度的 1/2
敷设在钢筋混凝土现浇楼板内的线缆保护导管最大外径	不应大于楼板厚度的 1/3
配电线路布线塑料导管或金属导管宜采用管壁厚度（潮湿地区住宅建筑、住宅建筑内的潮湿场所）	不小于 2mm
线缆保护导管暗敷时，外护层厚度	不应小于 15mm
消防设备线缆保护导管暗敷时，外护层厚度	不应小于 30mm

48. 建筑住宅配电线路——电缆布线要求

表 49　建筑住宅配电线路——电缆布线要求

项　目	数据
220V/380V 电力电缆及控制电缆与 1kV 以上的电力电缆在住宅建筑内平行明敷设时，其净距	不应小于 150mm
无铠装的电缆在住宅建筑内明敷时，垂直敷设至地面的距离	不宜小于 1.8m
无铠装的电缆在住宅建筑内明敷时，水平敷设至地面的距离	不宜小于 2.5m

49. 建筑住宅配电线路——电气竖井布线要求

表 50　建筑住宅配电线路——电气竖井布线要求

项　目	数据
电气竖井内电源插座距地高度	宜为 0.5～1m
电气竖井内应急电源和非应急电源的电气线路间的距离	不小于 0.3m
高层住宅建筑利用通道作为检修面积时，电气竖井的净宽度	不宜小于 0.8m

50. 建筑住宅配电线路——室外各类地下管线间的最小水平净距、最小交叉净距

表 51　室外各类地下管线间的最小水平净距　单位：m

管线名称	燃气管		热力管	电力电缆	弱电管道	给水管			排水管
	P_1	P_2				D_1	D_2	D_3	
电力电缆	1	1.5	2	0.25	0.5	0.5			0.5
弱电管道	1	2	1	0.5	0.5	0.5	1	1.5	1

注：P 为燃气压力，$P_1 \leqslant 300$kPa，300kPa$< P_2 \leqslant 800$kPa。

　　D 为给水管直径，$D_1 \leqslant 300$mm，300mm$< D_2 \leqslant 500$mm，$D_3 > 500$mm。

表 52　室外各类地下管线间的最小交叉净距　单位：m

管线名称	燃气管	热力管	电力电缆	弱电管道	给水管	排水管
电力电缆	0.5	0.5	0.5	0.5	0.5	0.5
弱电管道	0.3	0.25	0.5	0.25	0.15	0.15

51. 建筑住宅等电位连接线的截面

表 53　建筑住宅等电位连接线的截面

	局部等电位连接线截面		总等电位连接线截面
最小值	有机械保护时	2.5mm^{2}①	6mm^{2}①
	无机械保护时	4mm^{2}①	
	16mm^{2}③		50mm^{2}③
一般值	不小于最大 PE 线截面的 $1/2$		
最大值	25mm^{2}②		
	100mm^{2}③		

①为铜材质，可选用裸铜线、绝缘铜芯线。

②为铜材质，可选用铜导体、裸铜线、绝缘铜芯线。

③为钢材质，可选用热镀锌扁钢或热镀锌圆钢。

52. 建筑住宅信息设施要求

表 54　建筑住宅信息设施要求

项　目	数据
暗装固定式家居控制器箱底距地高度	宜为 $1.3 \sim 1.5$m

项　目	数据
暗装家居信息配线箱箱底距地高度	宜为 0.5m
暗装家居信息配线箱预留 AC220V 电源接线盒距家居配线箱水平距离	0.15～0.2m
卫生间的电话插座底边距地高度	宜为 1～1.3m
住宅套内暗装 RJ45 电话插座底边距地高度	宜为 0.3～0.5m
住宅套内暗装 RJ45 信息插座或光纤信息插座底边距地高度	宜为 0.3～0.5m
住宅套内暗装电视插座底边距地高度	宜为 0.3～1m

53. 剩余电流动作保护装置（RCD）动作参数的选择

表 55　剩余电流动作保护装置（RCD）动作参数的选择

项　目	数据
采用分级保护方式时，上下级 RCD 的动作时间差	不得小于 0.1s
单台电气机械设备，可根据其容量大小选用额定剩余动作电流（并且应选择无延时的 RCD）	30mA 以上、100mA 及以下
手持式电动工具、移动电器、家用电器等设备应优先选用的额定剩余动作电流（并且应选择无延时的 RCD）	不大于 30mA
选用的 RCD 的额定剩余不动作电流，应不小于被保护电气线路与设备的正常运行时泄漏电流最大值的数值（倍数）	2 倍

54. 特殊负荷、场所的剩余电流动作保护装置（RCD）选择

表 56　特殊负荷、场所的剩余电流动作保护装置（RCD）选择

项　目	数据与其他
安装在潮湿场所的电气设备应选用额定剩余动作电流（并且应选择无延时的 RCD）	小于 30mA
安装在游泳池、水景喷水池、水上游乐园、浴室、温室养殖与育苗、水产品加工区等特定区域的电气设备应选用额定剩余动作电流（并且应选择无延时的 RCD）	10mA
在金属物体上工作，操作手持式电动工具或使用非安全电压的行灯时，应选用额定剩余动作电流（并且应选择无延时的 RCD）	10mA

55. 按电气设备的供电方式选用 RCD

表 57　按电气设备的供电方式选用 RCD

项　　目	数据与其他
单相 220V 电源供电的电气设备选择的 RCD	二极二线式的
三相三线式 380V 电源供电的电气设备选择的 RCD	三极三线式的
三相四线式 220V 电源供电的电气设备,三相设备与单相设备共用的电路选择的 RCD	三极四线或四极四线式的

56. 剩余电流动作保护装置（RCD）常见额定值

表 58　剩余电流动作保护装置（RCD）常见额定值

项目	数据与其他
额定频率(f)	50Hz
额定电压(U_n)	230V、230V/400V、400V
辅助电源额定电压(U_{sn})	辅助电源额定直流电压的优先值为：12V、24V、48V、60V、110V、220V 等 辅助电源额定交流电压的优先值为：12V、24V、36V、48V、220V、400(380)V
额定电流(I_n)	6A、10A、16A、20A、25A、32A、40A、50A、63A、80A、100A、125A、160A、200A、250A、315A、400A、500A、630A、700A、800A
额定剩余动作电流($I_{\triangle n}$)	0.006A、0.01A、0.03A、0.05A、0.1A、0.2A、0.3A、0.5A、0.8A、1A、3A、5A、10A、20A、30A
额定剩余不动作电流($I_{\triangle n_0}$)	额定剩余不动作电流的优先值为 $0.5I_{\triangle n}$,其中,$0.5I_{\triangle n}$ 值仅指工频交流剩余电流

电器与电气
设备便查图册

目　　录

（说明：读者使用本图册时，请注意本图册仅为原始图某一版本的电路（线路）。图可能存在版本、修订、优化等变动情况，因此，本册图仅供检修参考。同时，为便于实际使用对照检修，图中有关元器件等元素没有根据有关标准进行相关统一。）

1. 康佳 KGYL-403E 电脑电压力锅检修参考接线图

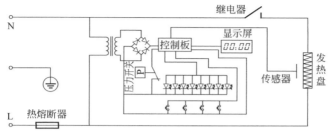

图 1　康佳 KGYL-403E 电脑电压力锅检修参考接线图

2. 康佳 KGSH-18K26 电热水壶检修参考接线图

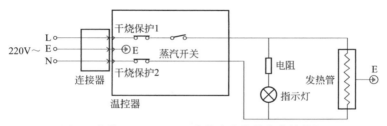

图 2　康佳 KGSH-18K26 电热水壶检修参考接线图

3. 五洲伯乐系列冷柜电气检修参考接线图（通用部分）

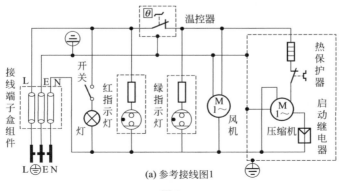

(a) 参考接线图1

图 3

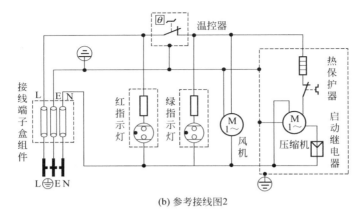

(b) 参考接线图2

图3 五洲伯乐系列冷柜电气检修参考接线图（通用部分）

4. 樱花 SCH-13Q900A 燃气热水器检修参考接线图

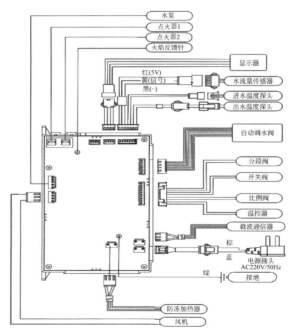

图4 樱花 SCH-13Q900A 燃气热水器检修参考接线图

5. 碧波尔快热式电热水器检修参考接线图

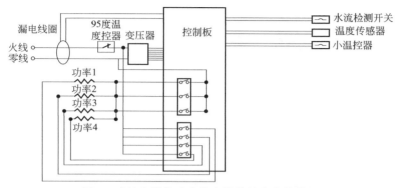

图 5　碧波尔快热式电热水器检修参考接线图

6. 碧波尔快热式电热水器外部检修参考接线图

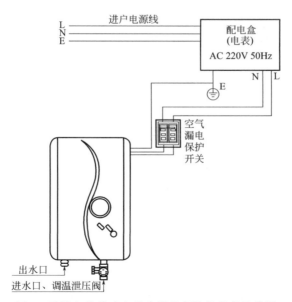

图 6　碧波尔快热式电热水器外部检修参考接线图

7. 樱花 SEH-5056H/6056H 电热水器检修参考接线图

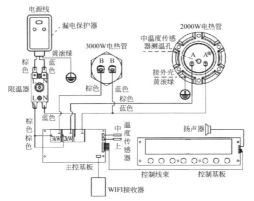

图 7　樱花 SEH-5056H/6056H 电热水器检修参考接线图

8. 阿里斯顿 RSTDQ120/150/200/300-D 燃气容积式热水器检修参考接线图

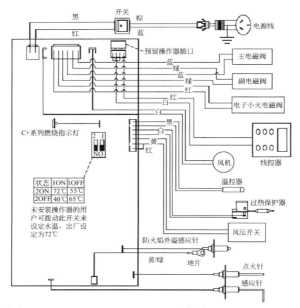

图 8　阿里斯顿 RSTDQ120/150/200/300-D 燃气容积式热水器检修参考接线图

9. 阿里斯顿 Ti9 系列家用燃气热水器检修参考接线图

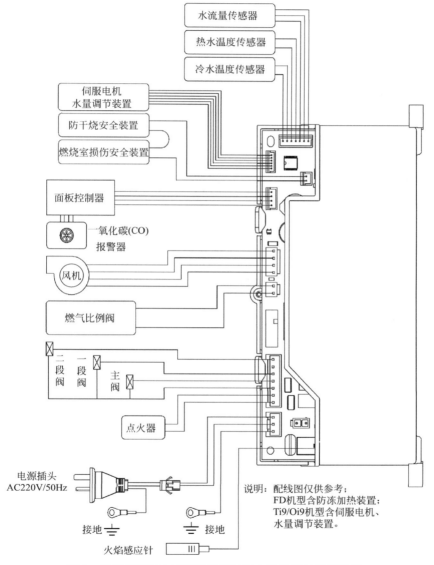

图 9 阿里斯顿 Ti9 系列家用燃气热水器检修参考接线图

10. 阿里斯顿 HW65/9H、HW80/9H 空气能热水器检修参考接线图

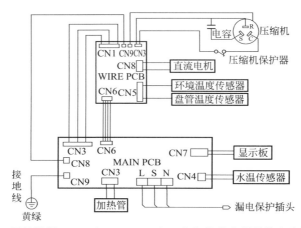

图 10　阿里斯顿 HW65/9H、HW80/9H 空气能热水器检修参考接线图

11. 樱花 JZY-A52/JZT-A52 嵌入式燃气灶检修参考接线图

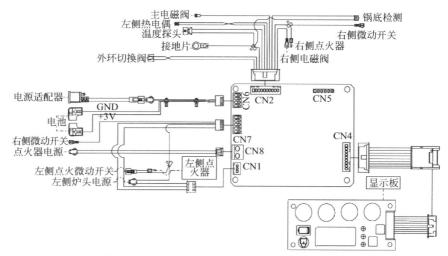

图 11　樱花 JZY-A52/JZT-A52 嵌入式燃气灶检修参考接线图

12. 美的 MB-FB40Easy501 系列电饭煲检修参考接线图

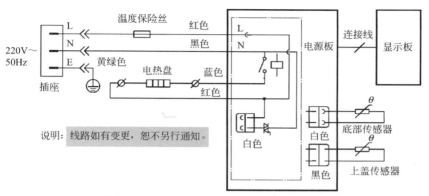

图 12 美的 MB-FB40Easy501 系列电饭煲检修参考接线图

13. 美的 MC-JK30Easy103 煎烤机（电饼铛）检修参考接线图

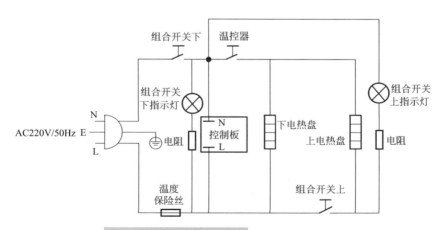

图 13 美的 MC-JK30Easy103 煎烤机（电饼铛）检修参考接线图

14. 美的 BG-SP11 煮蛋器检修参考接线图

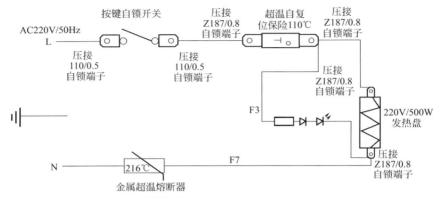

图 14　美的 BG-SP11 煮蛋器检修参考接线图

15. 美的 M0324-X/M0525-X/M0724-X 浴霸检修参考接线图

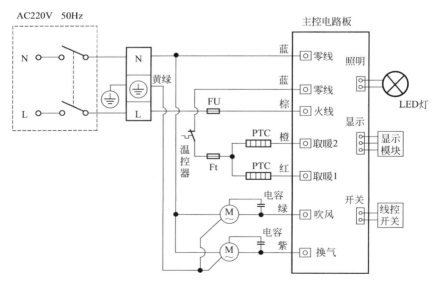

图 15　美的 M0324-X/M0525-X/M0724-X 浴霸检修参考接线图

16. 雅格 YG-3148 可充电手电筒检修参考原理图

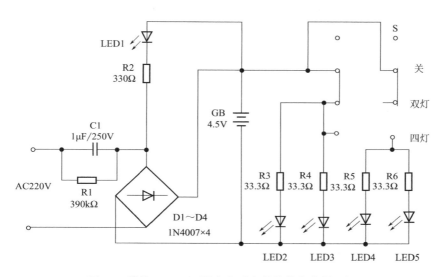

图 16　雅格 YG-3148 可充电手电筒检修参考原理图

17. 明可达 MT2085Y 型护眼灯检修参考原理图

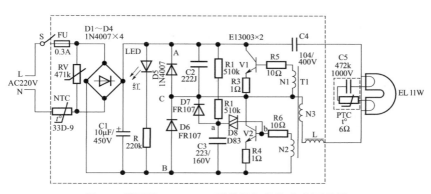

图 17　明可达 MT2085Y 型护眼灯检修参考原理图

18. 樱花 CXW-268-T201M 吸油烟机检修参考接线图

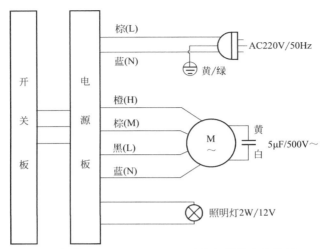

图 18　樱花 CXW-268-T201M 吸油烟机检修参考接线图

19. 500HA 型万用表维护检修参考原理图

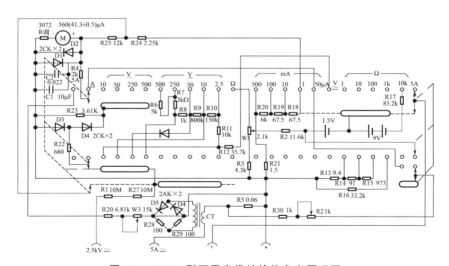

图 19　500HA 型万用表维护检修参考原理图

20. MF-47 型万用表维护检修参考原理图

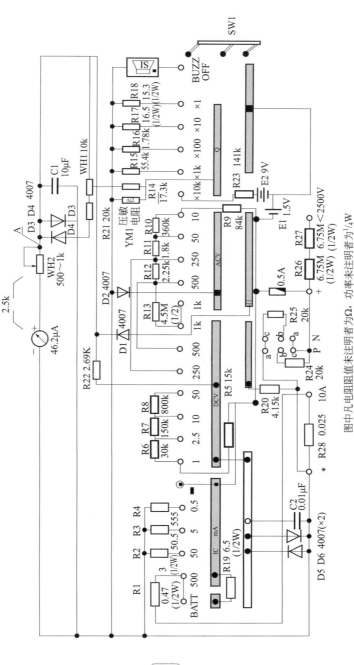

图中凡电阻阻值未注明者为Ω，功率未注明者为 1/4 W

图 20　MF-47 型万用表维护检修参考原理图

11

21. MF-50 型万用表维护检修参考原理图

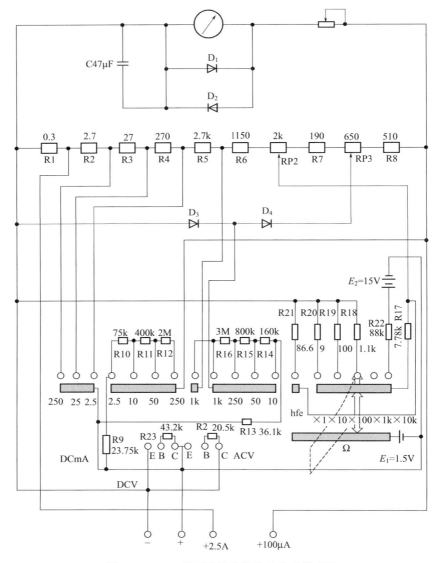

图 21　MF-50 型万用表维护检修参考原理图

22. 杰宝大王电动自行车整车检修参考接线图

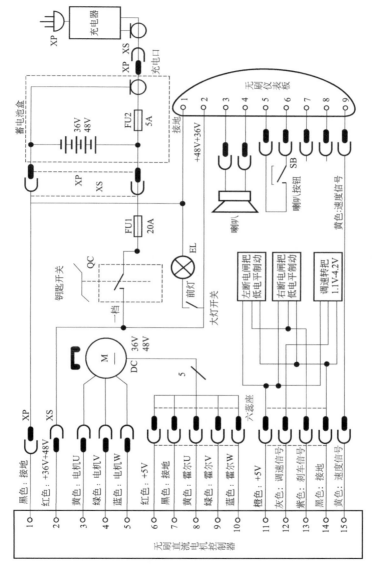

图 22　杰宝大王电动自行车检修参考接线图

23. 杰宝大王 TDH01Z 电动自行车检修参考接线图

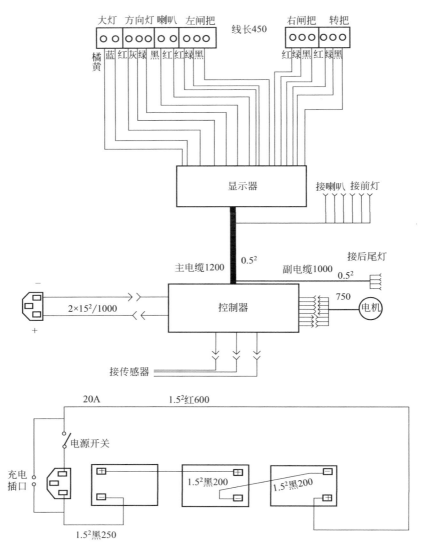

图 23　杰宝大王 TDH01Z 电动自行车检修参考接线图

24. 杰宝大王 TDH02Z 电动自行车检修参考接线图

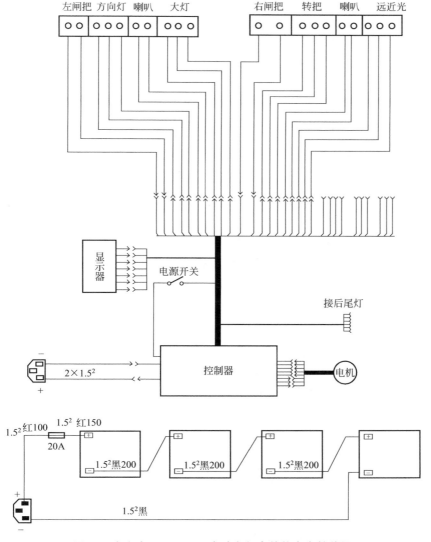

图 24 杰宝大王 TDH02Z 电动自行车检修参考接线图

25. 鸿光某型号电子镇流器检修参考原理图

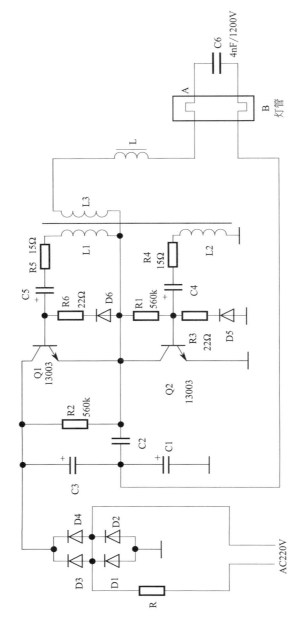

图 25 鸿光某型号电子镇流器检修参考原理图

26. JYD-100 消防应急照明灯检修参考原理图

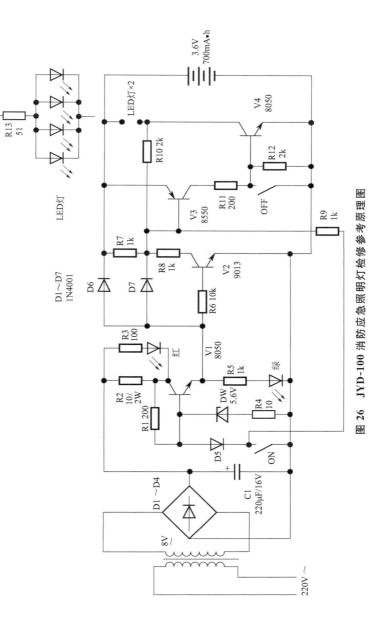

图 26 JYD-100 消防应急照明灯检修参考原理图

27. 建筑备用照明（安全照明）供电系统图示

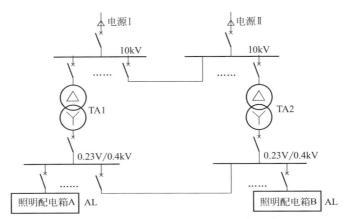

图 27　建筑备用照明（安全照明）供电系统图示

28. 建筑配电室照明平面示例图

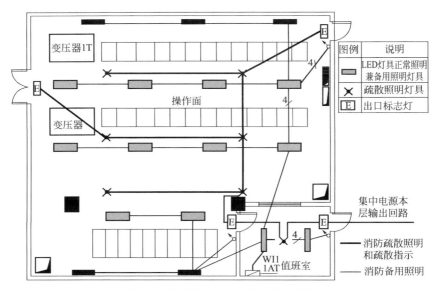

图 28　建筑配电室照明平面示例图

29. RDM1 系列塑料外壳式断路器电压接线图

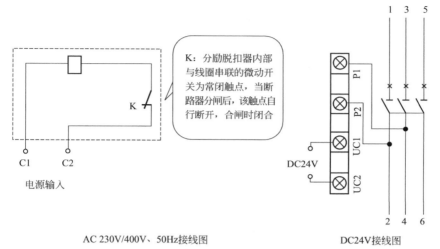

K：分励脱扣器内部与线圈串联的微动开关为常闭触点，当断路器分闸后，该触点自行断开，合闸时闭合

C1　C2

电源输入

AC 230V/400V、50Hz接线图

DC24V接线图

图 29　RDM1 系列塑料外壳式断路器电压接线图

30. 费控电能表用断路器接线示意图

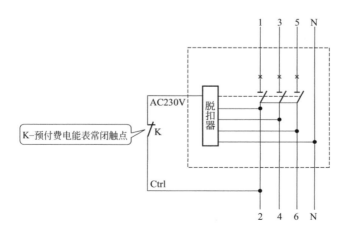

K–预付费电能表常闭触点

图 30　费控电能表用断路器接线示意图

31. RDX16L-63 系列电磁式剩余电流动作断路器工作原理图

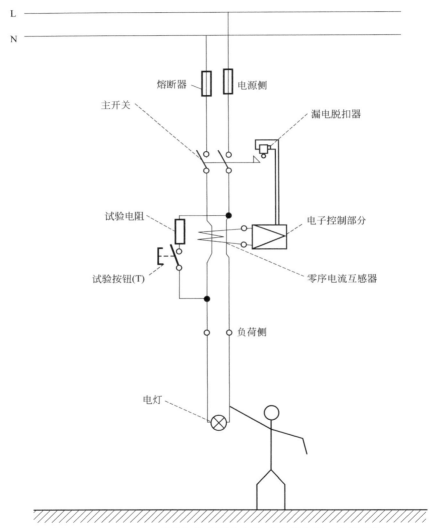

图 31　RDX16L-63 系列电磁式剩余电流动作断路器工作原理图

32. SBW-20(250kV · A)全自动补偿式电力稳压器检修参考接线图

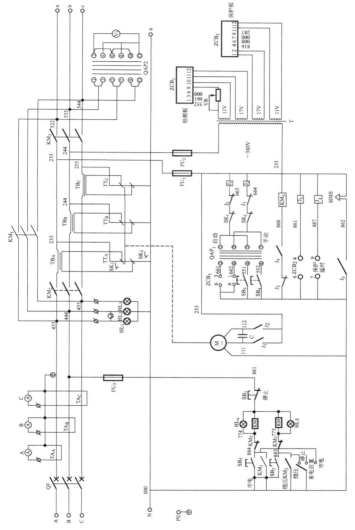

图32 SBW-20(250kV · A)全自动补偿式电力稳压器检修参考接线图

33. XKSF-3 平时用双速风机检修参考接线图

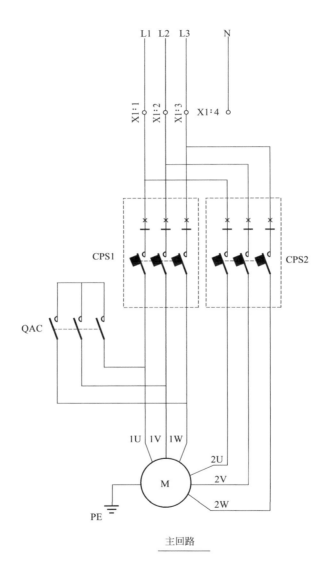

主回路

电源	手动控制	自控	手动控制	自控	BAS返回信号			
	低速(BAS)控制		高速(BAS)控制		低速运行	低速过载	高速运行	高速过载

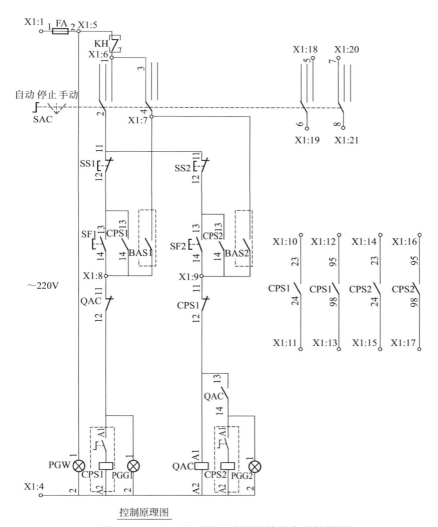

控制原理图

图 33　XKSF-3 平时用双速风机检修参考接线图

23

34. 消防稳压泵一用一备检修参考控制图

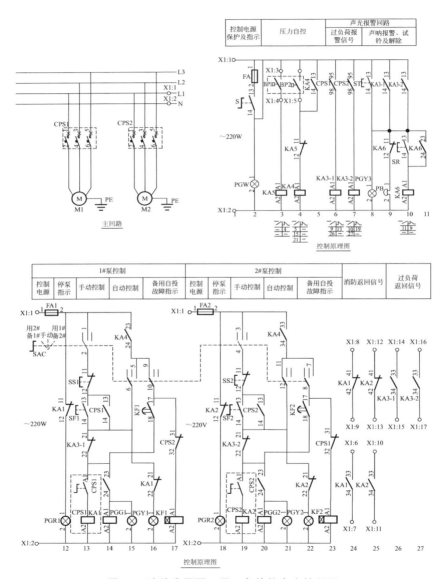

图 34 消防稳压泵一用一备检修参考控制图

35. CW6163 型机床检修参考电气图

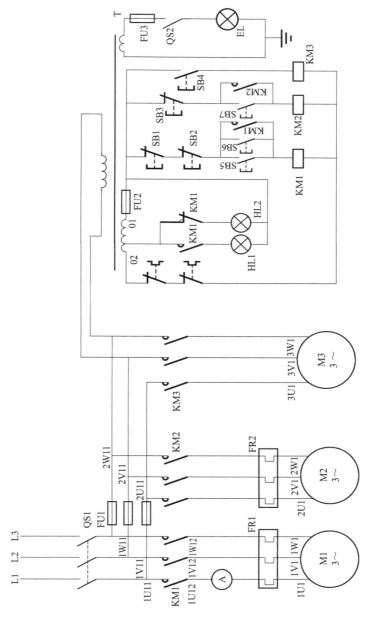

图 35　CW6163 型机床检修参考电气图

36. M7130 型平面磨床检修参考电气图

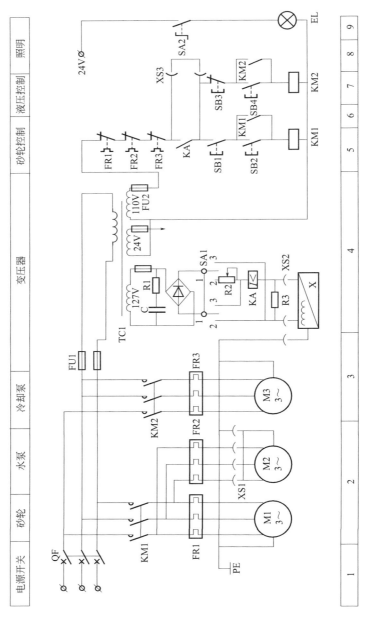

图 36 M7130 型平面磨床检修参考电气图

37. X62W 型卧式万能铣床检修参考电气图

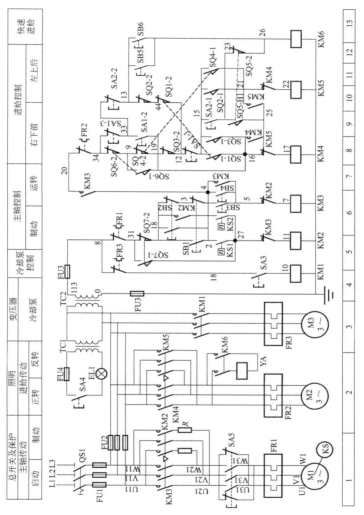

图 37　X62W 型卧式万能铣床检修参考电气图

38. Z3040型摇臂钻修检参考电气图

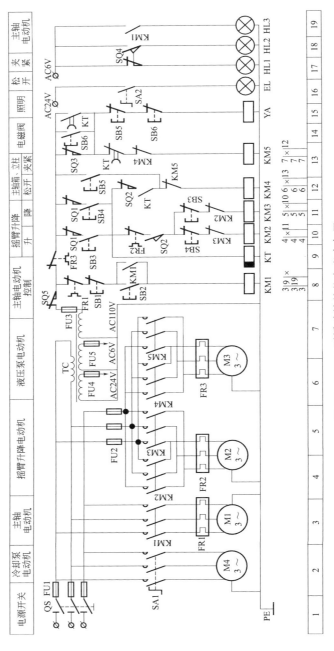

图38　Z3040型摇臂钻修检参考电气图

28

39. 西门子某型号变频器检修参考原理图

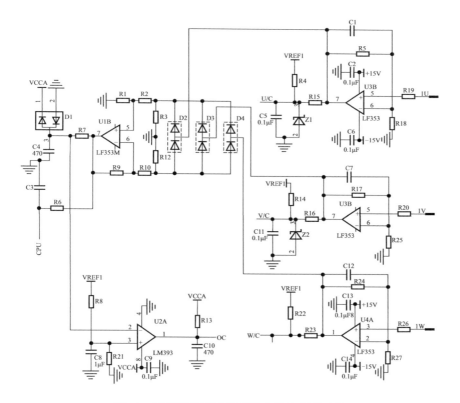

图 39　西门子某型号变频器检修参考原理图